电力变压器
技术符合性评估实务

国网安徽省电力有限公司电力科学研究院　组编

李坚林　尹睿涵　主编

中国科学技术大学出版社

U0189568

内 容 简 介

本书介绍了变压器技术符合性评估的主要内容、编制说明、注意事项,在"变压器技术人符合性评估细则"的基础上,着重说明了评估项目设置的原因以及评估过程中需要注意的问题,可作为变压器技术符合性评估工作组织者、参与者的培训教材和参考手册,便于有需要的单位或个人能够快速熟悉变压器技术符合性评估工作。

图书在版编目(CIP)数据

电力变压器技术符合性评估实务/李坚林,尹睿涵主编.—合肥:中国科学技术大学出版社,2022.2

ISBN 978-7-312-05350-4

Ⅰ.电… Ⅱ.① 李… ② 尹… Ⅲ.电力变压器—技术评估—中国 Ⅳ.TM41

中国版本图书馆CIP数据核字(2021)第255218号

电力变压器技术符合性评估实务

DIANLI BIANYAQI JISHU FUHEXING PINGGU SHIWU

出版	中国科学技术大学出版社
	安徽省合肥市金寨路96号,230026
	http://press.ustc.edu.cn
	https://zgkxjsdxcbs.tmall.com
印刷	安徽联众印刷有限公司
发行	中国科学技术大学出版社
开本	787 mm×1092 mm 1/16
印张	10
字数	249千
版次	2022年2月第1版
印次	2022年2月第1次印刷
定价	66.00元

组织委员会

主　任　邱欣杰　王　坤
副主任　朱太云　张　健　刘　锋
委　员　丁国成　李坚林　傅　中　杨　为

编写委员会

主　编　李坚林　尹睿涵
副主编　丁国成　潘　超　吴　杰　吴兴旺
　　　　黄伟民　杨海涛
编　委　王志鹍　邹　刚　张晨晨　汪隆臻　胡啸宇
　　　　闫　帅　杜嘉嘉　杜康佳　刘锡禹　曹飞翔
　　　　骆小军　周明恩　刘　翀　赵昊然　陈　健
　　　　朱　宁　吴　凡　沈国堂　曹　智　牛立群
　　　　徐　晨　黄　涛　韩　旭　刘　建　熊天禄
　　　　肖　翔　杨　威　杜　乾　杨　昆　李　探
　　　　王　翀　张承习　甄　超　舒日高　田振宁
　　　　董　康　方　胜　李庆海　乜志斌　郑军超
　　　　苏良成　俞登洋

前　言

　　变压器技术符合性评估是在设备设计、制造环节，从标准执行、产品设计、关键材料、制造能力、结构一致性、出厂试验等方面开展的技术评价与认证工作，旨在从源头加强质量管控，提升设备入网质量。该工作已在国家电网有限公司全面推广实施，涉及27家省电力公司，涵盖了新购的220～750 kV变压器。本书介绍了变压器技术符合性评估的主要内容、编制说明、注意事项，在《变压器技术人符合性评估细则》的基础上，着重说明了评估项目设置的原因以及评估过程中需要注意的问题，可作为变压器技术符合性评估工作组织者、参与者的培训教材和参考手册，便于有需要的单位或个人能够快速熟悉变压器技术符合性评估工作。

　　全书共分为4章，第1章是绪论，主要介绍了变压器技术符合性评估的背景、工作思路、评估内容、时间节点等；第2章是评估准备，主要阐述了变压器技术符合性评估的术语与定义、评估依据、评估对象、结果有效性、供应商申请等；第3章是评估内容，主要包括标准执行、产品设计、关键原材料及组部件、生产制造能力、变压器结构一致性、出厂试验验证等符合性评估；第4章是典型评估方案及问题，主要说明了典型的工作方案和评估过程中发现的问题。

　　本书由国网安徽省电力有限公司电力科学研究院组织编写，由于时间仓促，书中难免存在疏漏之处，望广大读者批评指正。

编　者

2021年11月

目　录

电力变压器技术符合性评估实务

第1章 绪 论

为进一步加强设备质量源头管控、打造本质安全电网,国网安徽电力有限公司全面开展变压器技术符合性评估,在变压器设计、制造阶段,从标准执行、产品设计、关键材料、制造能力、结构一致性、出厂试验等方面开展全面评估,推动设备质量管理由入网抽检向技术认证延伸,推动电网装备迈向中高端。结合国内外先进经验、国网实际、政策环境,明确了评估工作要在中标后、出厂前开展,依据资料评估、抽检评估、工厂评估相结合,首台产品、后续产品评估详略得当等评估原则开展评估。

技术符合性评估主要在设备设计、制造阶段评估拟交付产品与采购规范、技术标准、十八项反措的技术符合性,从源头提升设备质量和健康水平,评估思路如下:

1. 全要素覆盖

充分利用资料评审、原材料和试验抽检、工厂评估等手段对影响变压器性能的关键原材料、组部件开展全面评估。

2. 全过程评估

对变压器在出厂前的投标、设计、原材料进厂、制作、装配、试验等各环节的关键技术内容开展评估。

3. 全部门协同

充分利用现有的质量管控手段,充分发挥技术监督办公室的管理优势,加强物资、建设、监造、设备管理部门的协同配合。例如,220 kV 同供应商同型号首台产品评估由省公司统一组织开展,后续产品评估由各地市分别组织。

变压器技术符合性评估工作包括以下内容:

1. 供应商申请

对供应商某型号产品进行技术符合性评估时,应由供应商在产品中标后向物资公司提交申请,提交评估资料、申请表、承诺书等相关材料,申请进行技术符合性评估。详见第2章。

2. 产品技术符合性评估

包括在制造前对标准执行、设计资料、关键原材料及组部件资料进行审核,在制造过程中对供应商历史问题整改情况、设计联络会响应情况、关键原材料材质情况进行评估和检测,在出厂试验环节复核前期资料、评估供应商生产制造能力、评估结构参数一致性、见证出厂试验,并对产品进行技术符合性评分。最终结果将反馈给物资部门,它将影响供应商评价和后续物资采购策略。详见第3章。

标准执行、产品设计、关键原材料及组部件(抽检除外)技术符合性评估方式为资料评估,分为审查、判断、备案三种方式。关键原材料材质评估方式为第三方CNAS认可的实验室/检测机构抽样检测。

生产制造能力、变压器结构一致性、出厂试验验证技术符合性评估方式为工厂评估。

对于同一供应商的同型号产品,若产品设计、关键原材料及组部件相同,则抽取其中一台进行标准执行、产品设计、关键原材料及组部件、变压器结构一致性、生产制造能力技术符合性评估;而试验验证技术符合性评估应对每一台均开展。

开展评估工作的关键时间节点如下:

1. 中标前

在中标前,提前组织开展本单位各供应商生产的各型号变压器历史问题进行排查(包括运维阶段问题和厂内问题),聚焦因设计、制造工艺、供应商管理等问题导致的重大设备隐患,便于后续督促供应商整改。

2. 中标后

在中标后,与供应商沟通评估流程和资料提交清单,要求供应商提前准备评估资料并开展历史问题自查,并在7日内,提交申请表、承诺书。在供应商准备资料过程中应安排专人跟踪资料准备进度并及时协调解决相关问题。

3. 设联会上

在设联会上,向供应商反馈历史问题,要求监造单位跟踪供应商反馈并在制造过程中见证历史问题整改情况,后续工厂评估阶段需监造提供见证情况表。如开展原材料抽检,要求供应商设计时根据细则取样并留出抽检余量,否则可能出现变压器原材料不够抽样的情况。

4. 设联会后30天内

在设联会后30天内,供应商应提供资料清单中的评估资料(共四十三项)。提供评估资料初稿后,可通过线上会议的方式对资料进行初审,将不合格的材料返回供应商修改。材料修改完成后、产品制造前可组织资料评估,如资料存在问题及时整改,避免在制造环节反映到产品上。

5. 原材料到货后、下料前

原材料到货后、下料前,供应商在监造单位见证下开展原材料取样、送样,安排专人跟踪检测结果,如不合格及时调查原因,视情况进行上报或开展复检。

6. 出厂试验时

出厂试验时,可结合出厂试验见证组织资料评估(如前期未开展)或工厂评估。

第2章　评估准备

2.1　术语与定义

1. 技术符合性

与现行的国家、行业、企业标准或规范中技术要求相符合。

2. 门槛值

技术符合性评估整体或某环节的最低分值要求。

3. 权重

技术符合性评估某环节的分数在折算至最终分数时所占的比例。

4. 同型号

与评估细则中分类维度一致的产品。

5. 首台产品

某供应商某型号首台参与技术符合性评估的产品。

6. 同型号后续产品

某供应商与首台产品同型号的后续参与技术符合性评估的产品。

7. 资料评估

通过审核资料评估产品的技术符合性,按审核细度分为审查、判断、备案三种审核方式。

8. 审查

在资料评估过程中,按照评估细则中的审查评分表对相关资料进行技术细节核实、评分。

9. 判断

在资料评估过程中,对相关资料进行完整性、有效性、一致性进行确认。

10. 备案

在资料评估过程中,对相关资料进行形式审核后留档待有需要时备查。

11. 工厂评估

通过在工厂现场进行实地考察、工人问答、车间资料审核等方式评估产品的技术符合性。

12. 出厂试验抽检

用户或第三方通过自带仪器到工厂与供应商仪器进行比对试验。

2.2 评估依据

下列文件对于本细则的应用是必不可少的。凡是注日期的引用文件,仅注适用于本细则日期的版本;凡是不注日期的引用文件,其最新版本(包括所有的修改单)适用于本细则。

GB/T 228.1 金属材料拉伸试验 第1部分:室温试验方法

GB/T 311.1 绝缘配合 第1部分:定义、原则和规则

GB/T 1094.1 电力变压器 第1部分:总则

GB/T 1094.2 电力变压器 第2部分:液浸式变压器的温升

GB/T 1094.3 电力变压器 第3部分:绝缘水平、绝缘试验和外绝缘空气间隙

GB/T 1094.4 电力变压器 第4部分:电力变压器和电抗器的雷电冲击和操作冲击试验导则

GB/T 1094.5 电力变压器 第5部分:承受短路的能力

GB/T 1094.7 电力变压器 第7部分:油浸式电力变压器负载导则

GB/T 1094.10 电力变压器 第10部分:声级测定

GB/T 1094.101 电力变压器 第10.1部分:声级测定应用导则

GB/T 1094.18 电力变压器 第18部分:频率响应测量

GB/T 2522 电工钢带(片)涂层绝缘电阻和附着性测试方法

GB/T 3655 用爱泼斯坦方圈测量电工钢片(带)磁性能的方法

GB_T 4074.1 绕组线试验方法 第1部分:一般规定

GB/T 4074.3　绕组线试验方法　第3部分:机械性能

GB/T 4109　交流电压高于1000 V的绝缘套管

GB/T 6451　油浸式电力变压器技术参数和要求

GB/T 7354　高电压试验技术 局部放电测量

GB/T 10230.1　分接开关　第1部分:性能要求和试验方法

GB/T 10230.2　分接开关　第2部分:应用导则

GB/T 13026　交流电容式套管型式与尺寸

GB/T 13499　电力变压器应用导则

GB/T 16927.1　高压试验技术　第1部分:一般定义及试验要求

GB/T 16927.2　高压试验技术　第2部分:测量系统

GB/T 17468 电力变压器选用导则

GB/T 19289　电工钢带(片)的电阻率、密度和叠装系数的测量方法

DL/T 1387　电力变压器用绕组线选用导则

DL/T 1388　电力变压器用电工钢带选用导则

DL/T 1538　电力变压器用真空有载分接开关使用导则

DL/T 1539　电力变压器(电抗器)用高压套管选用导则

DL/T 1799　电力变压器直流偏磁耐受能力试验方法

DL/T 1806　油浸式电力变压器用绝缘纸板及绝缘件选用导则

JB/T 3837　变压器类产品型号编制方法

JB/T 5347　变压器用片式散热器

JB/T 6484　变压器用储油柜

JB/T 6758.1　换位导线　第1部分:一般规定

JB/T 7065　变压器用压力释放阀

JB/T 8315　变压器用强迫油循环风冷却器

JB/T 8318　变压器用成型绝缘件技术条件

JB/T 9642　变压器用风扇

JB/T 9647　变压器用气体继电器

JB/T 10088　6~1000 kV级电力变压器声级

JB/T 10112　变压器用油泵

JB/T 10319　变压器用波纹油箱

YB/T 4292　电工钢带(片)几何特性测试方法

国家电网设备[2018]979号 国家电网有限公司十八项电网重大反事故措施(修订版)

IEC 60137—2017 Insulated bushings for alternating voltages above 1000 V（交流电压高于1000 V 的绝缘套管）

2.3　专家团队组建

国网公司、省公司和地市公司层面分别成立专家团队。330～750 kV 变压器同供应商同型号首台变压器的评估工作由国网公司牵头组织,评估完成后各省公司仅跟踪本单位的同供应商同型号后续产品的出厂试验情况和设联会响应情况,报送国网公司。220 kV 变压器同供应商同型号首台变压器的评估工作由省公司牵头组织,评估完成后各地市公司仅跟踪本单位的同供应商同型号后续产品的出厂试验情况和设联会响应情况,报送省公司。

对专家的要求如下:

（1）专家应具备丰富的变压器运维、检修、试验专业经验,熟悉变压器设计和结构,参加过变压器符合性评估、监造、故障解体分析的人员优先。

（2）专家应熟悉变压器相关标准,参加过变压器技术标准、采购规范、精益化管理细则编写人员优先。

（3）专家应身体健康、责任心强、业务能力强,应掌握变压器评估实施细则,有 CNAS 认可评审员证、设备监理证、CCAA 产品认证员证、检验员证等相关资质证件者优先。

2.4　评估适用对象

本评估手册适用于向国家电网有限公司供货的变压器技术符合性评估。根据电压等级、容量、绕组型式、冷却方式、调压方式、电压比等六个维度分类。若变压器发生重大变更,经国网设备部审核后也可提出评估申请。

编制说明

分类维度是区分评估对象的参数,分类维度不同,在评估过程中认为是不同型号的变压器。同一供应商分类维度相同的变压器首次进行评估的产品为首台产品,开展全过程的评估;首台产品完成后进行评估的产品为后续产品,着重评估出厂试验内容和设联会响应情况。

2.5 评估有效性

申报型号产品通过技术符合性评估后,认证有效期为五年。当该型号产品发生下述任一情况时,应重新评估:

(1)变压器技术符合性评估资料发生变化;

(2)产品设计、关键原材料及组部件选择发生变动;

(3)技术规范或技术要求发生变化;

(4)变压器运行中出现重大安全隐患;

(5)变压器铁芯结构型式、绕组结构及其连接关系、引线结构、油箱结构、漏磁屏蔽结构等方面发生变化。

编制说明

除上述变化外,供应商某型号产品超过五年有效期,需申请重新开展一次完整的技术符合性评估。

中国电力科学研究院审核评估专家组技术符合性评估结果,以供应商为单位出具申报型号首台产品的评估技术符合性认证证书和后续产品的评估报告,技术符合性评估结果合格后方可正常供货。评估结果也将应用于后续物资招标及履约环节管理。

2.6 供应商申请

产品中标后7天内,供应商根据供货安排提交技术符合性评估工作申请。

2.6.1 供应商提交申请

供应商向物资公司提交申请,提交申请表、承诺书、评估资料等相关材料,如表2-1所示。

表2-1 供应商提交申请材料列表

编号	文件名	文件格式	标准型式	提交时间
1	变压器技术符合性评估申请表	盖章PDF版	附录1	中标后7日内
2	参加变压器技术符合性评估审查承诺书	盖章PDF版	附录2	中标后7日内

编号	文件名	文件格式	标准型式	提交时间
3	审查资料清单	盖章PDF版	附录3	设联会后30日内
4	供应商投标文件	盖章PDF版	投标文件(应包含技术特性参数表)	设联会后30日内
5	采购技术协议	盖章PDF版	正式签订版	设联会后30日内
6	基本电气参数表	Excel及盖章PDF版	附录4	设联会后30日内
7	供应商产品历史故障自查表	Excel及盖章PDF版	附录5	设联会后30日内
8	电场分析报告	Word及盖章PDF版	填写要求见附录6	设联会后30日内
9	磁场分析报告	Word及盖章PDF版	填写要求见附录6	设联会后30日内
10	温度场分析报告	Word及盖章PDF版	填写要求见附录6	设联会后30日内
11	抗短路能力第三方校核报告	Word及盖章PDF版	填写要求见附录6	设联会后30日内
12	波过程计算报告	Word及盖章PDF版	填写要求见附录6	设联会后30日内
13	过励磁能力计算报告	Word及盖章PDF版	填写要求见附录6	设联会后30日内
14	运行寿命分析报告	Word及盖章PDF版	填写要求见附录6	设联会后30日内
15	抗震计算报告	Word及盖章PDF版	填写要求见附录6	设联会后30日内
16	油箱机械强度计算报告	Word及盖章PDF版	填写要求见附录6	设联会后30日内
17	直流偏磁耐受能力计算报告	Word及盖章PDF版	填写要求见附录6	设联会后30日内
18	过负荷能力计算报告	Word及盖章PDF版	填写要求见附录6	设联会后30日内
19	噪声计算报告	Word及盖章PDF版	填写要求见附录6	设联会后30日内
20	关键工艺说明	Word及盖章PDF版	填写要求见附录6	设联会后30日内
21	分接开关选型报告	Word及盖章PDF版	填写要求见附录6	设联会后30日内

编号	文件名	文件格式	标准型式	提交时间
22	套管选型报告	Word 及 盖章 PDF 版	填写要求见附录6	设联会后30日内
23	压力释放阀选型报告	Word 及 盖章 PDF 版	填写要求见附录6	设联会后30日内
24	气体继电器选型报告	Word 及 盖章 PDF 版	填写要求见附录6	设联会后30日内
25	外形图	盖章PDF版	工程制图标准	设联会后30日内
26	关键原材料及组部件供应商审查备案表	正式盖章版	附录7	设联会后30日内
27	套管型式试验报告	正式盖章版	无	设联会后30日内
28	套管图纸	正式盖章版	工程制图	设联会后30日内
29	套管尺寸表	正式盖章版	附录8	设联会后30日内
30	分接开关型式试验报告	正式盖章版	无	设联会后30日内
31	气体继电器型式试验报告	正式盖章版	无	设联会后30日内
32	压力释放阀型式试验报告	正式盖章版	无	设联会后30日内
33	绝缘纸板、绝缘件型式试验报告	正式盖章版	无	设联会后30日内
34	关键原材料及组部件进厂检验方法	正式盖章版	无	设联会后30日内
35	变压器型式试验报告（包含例行、型式、特殊试验）	盖章PDF版	无	设联会后30日内
36	型式试验产品与申报产品关键原材料及组部件供应商审查备案表	Word 及 盖章 PDF 版	附录9	设联会后30日内
37	型式试验产品与申报产品一致性对比表	Excel 及 盖章 PDF 版	附录10	设联会后30日内
38	变压器短路承受能力试验报告	盖章PDF版	无	设联会后30日内
39	短路承受能力试验产品与申报产品关键原材料及组部件供应商审查备案表	Word 及 盖章 PDF 版	附录11	设联会后30日内
40	变压器短路承受能力试验产品与申报产品一致性对比表	Excel 及 盖章 PDF 版	附录10	设联会后30日内
41	申报产品试验方案	Word 及 盖章 PDF 版	无	设联会后30日内

编号	文件名	文件格式	标准型式	提交时间
42	原材料参数设计值	Word 及 盖章 PDF 版	见表3-13	设联会后30日内
43	本体和关键组部件说明书	Word 及 盖章 PDF 版	无	设联会后30日内

2.6.2　供应商申请材料审查

（1）资料应按表2-1要求完整提交，格式正确，不应存在缺页或字迹模糊等问题。

（2）对应每个类型申报产品均应分别填写《变压器技术符合性评估申请表》（附录1）。

（3）供应商提交的《变压器技术符合性评估申请表》（附录1）、《参加变压器技术符合性评估审查承诺书》（附录2）、《审查资料清单》（附录3）文件要求正式盖章（单位公章）。

2.6.3　供应商申请审查的结论

相关单位接收供应商提交的申报产品资料，并对资料**格式**、**完整性**进行初审，并督促供应商完善资料，待提交资料完善后，评估申请生效。

第2章　评估准备

第3章 评估内容

本部分以220 kV变压器为例,评估产品与技术标准、反措、采购技术规范书的技术符合性。采用百分制,各部分分值权重如表3-1所示,达到85分且每个评估项目满足门槛值要求的认为其技术符合性评估通过,单个项目低于门槛值的直接否决。

表3-1 技术符合性评估各部分分值

序号	章节名称	技术符合性评估项目名称	满分	门槛值	权重	产品得分
1	3.1 标准执行技术符合性评估	标准执行技术符合性评估	100	90	5	
2	3.2 产品设计技术符合性评估	产品设计资料审核	100	80	15	
3	3.2 产品设计技术符合性评估	同型号产品的试验报告审核	100	70	10	
4	3.3 关键原材料及组部件技术符合性评估	关键原材料及组部件资料审核	100	80	5	
5	3.3 关键原材料及组部件技术符合性评估	关键原材料材质评估	100	80	10	
6	3.4 生产制造能力技术符合性评估	供应商产品质量管控水平评估	100	80	10	
7	3.4 生产制造能力技术符合性评估	产品历史问题与设联会响应情况评估	100	80	10	
8	3.5 变压器结构一致性技术符合性评估	产品抗短路校核参数与实际产品结构一致性评估	100	95	15	
9	3.6 出厂试验验证技术符合性评估	重点性能参数出厂试验	100	95	20	
总 分					100	

> **编制说明**
>
> 　　评估内容包含六个部分、九个环节,产品设计、关键原材料及组部件、生产制造能力评估章节包含两个环节。

3.1　标准执行技术符合性评估

专家组在资料审核阶段核查供应商对反措、标准、规范的响应情况。

> **编制说明**
>
> 　　结合国网公司全过程技术监督实施细则发现的突出问题,对供应商执行不到位的标准条款进行重点审查。并包含"其他标准"审查项目,纳入细则未具体列出但专家组审查发现的违反标准的项目。

供应商应提供投标文件及其他能反映标准执行的材料,评估要求与评分细则见表3-2。

本章未单独以表格形式列出审查所需的资料,详见审查细则中的审查方式及评分细则。

表3-2　标准执行技术符合性评估要求与评分细则

标准执行	申报型号编号		申报供应商			
	申报设备型号		审查地点			
序号	审查项目	审查标准	审查方式及评分细则	分值	得分	扣分原因
1	短路阻抗允许偏差⭐	1. 主分接的短路阻抗允许偏差(全容量下)允许偏差(%): 高压—中压:±3; 高压—低压:±5; 中压—低压:±5。 2. 最大和最小分接的短路阻抗允许偏差(%): 高压—中压:±7.5; 高压—低压:±10。 (如用户有特殊要求,应以用户要求为准。)	审查方式:核查供应商投标文件。 评分细则:满分15分,全部满足得15分,一处不满足时扣3分,扣完为止。	15		

序号	审查项目	审查标准	审查方式及评分细则	分值	得分	扣分原因
2	局放水平	在 $1.58U_r/\sqrt{3}$kV 试验电压下,高压绕组、中压绕组局部放电水平应不大于 100 pC。	审查方式:核查供应商投标文件。 评分细则:满分20分,不满足时扣20分。	20		
3	非电量保护装置	变压器本体应采用双浮球并带挡板结构的气体继电器。	审查方式:核查供应商投标文件及相关图纸。 评分细则:满分5分,不满足时扣5分。	5		
4	套管	高压套管在 $1.5U_m/\sqrt{3}$kV 下局部放电水平应低于 10 pC。 套管的介质损耗因数应小于等于0.4%。	审查方式:核查供应商投标文件及计算报告。 评分细则:满分10分,不满足时扣10分。	10		
5	分接开关	无励磁分接开关机械寿命,在触头不带电且分接全部范围都用上的情况下进行 2000 次分接变换操作;在配置合适的电动机构的无励磁分接开关应进行 20000 次操作。有载分接开关机械寿命应不少于 50 万次分接变换操作,转换选择器应至应进行 5 万次操作。 对于非真空型有载分接开关电气寿命不小于 20 万次;对于真空型有载分接开关电气寿命不小于分接开关制造方使用说明书中规定的在维修间隔内 1.2 倍的分接变换操作次数,且不小于 20 万次。机械寿命不小于 80 万次。	审查方式:核查供应商投标文件。 评分细则:满分10分,不满足时扣2分。	10		

电力变压器技术符合性评估实务

序号	审查项目	审查标准	审查方式及评分细则	分值	得分	扣分原因
6	直流偏磁耐受能力☆②	铁芯结构为三相五柱的变压器每相高压绕组至中性点应满足在至少4 A直流偏磁电流作用下的耐受要求,变压器在额定负荷下长时间运行。(注:此条不适用于铁芯结构为三相三柱的变压器。)	审查方式:核查直流偏磁耐受能力计算报告。 评分细则:满分10分,全部满足得10分,不满足时不得分。	10		
7	过励磁能力	1. 在设备最高电压规定值内,当电压与频率之比超过额定电压与额定频率之比,但不超过5%的"过励磁"时,变压器应能在额定容量下连续运行而不损坏。	审查方式:核查过励磁能力计算报告。 评分细则:每条5分,满分10分,全部满足得10分,不满足则扣减相应分数。	5		
		2. 空载时,变压器应能在电压与频率之比为110%的额定电压与额定频率之比下连续运行。		5		
8	其他	其他标准。	如有其他违反反措、标准、规范的情况,按其轻重缓急,由专家组酌情扣分。	20		
	总　分			100		
审查人:			审查时间:	年　月　日		

☆ 细则中短路阻抗允许偏差审核标准依据采购标准,审核过程中出现招投标文件与细则存在差异时,建议以招投标文件作为评分依据。

② 铁芯结构为三相三柱的变压器此项不做评估要求,按照满分计算。

审核结束后,专家组总结标准执行审核情况,对标准执行进行评分。

3.2 产品设计技术符合性评估

3.2.1 产品设计资料审核

专家组在资料审核阶段审核产品设计资料,包含设计图纸、设计关键参数表、设计报告、组部件选型报告、关键工艺说明等能反映供应商产品设计的关键证明材料。

> **编制说明**
>
> 选取影响设备性能的设计资料,评估设计的规范性和合理性,并要求供应商对同类产品的历史问题开展自查,提出设计改进措施,评估整改有效性。

1. 产品设计资料清单

供应商需提供的产品设计资料清单如表3-3所示。

表3-3 产品设计资料清单 🌟

序号	审核方式	文件名称	文件格式	标准型式
1	判断	※审查资料清单	盖章PDF版	附录3
2	审查	※基本电气参数表	Excel及盖章PDF版	附录4
3	审查	※供应商产品历史故障自查表	Excel及盖章PDF版	附录5
4	备案	电场分析报告	Word及盖章PDF版	填写要求见附录6
5	备案	磁场分析报告	Word及盖章PDF版	填写要求见附录6
6	备案	温度场分析报告	Word及盖章PDF版	填写要求见附录6
7	判断	抗短路能力第三方校核报告	Word及盖章PDF版	填写要求见附录6
8	备案	雷电、操作冲击波过程计算报告	Word及盖章PDF版	填写要求见附录6
9	判断	过励磁能力计算报告	Word及盖章PDF版	填写要求见附录6
10	判断	运行寿命分析报告	Word及盖章PDF版	填写要求见附录6
11	备案	抗震计算报告	Word及盖章PDF版	填写要求见附录6
12	审查	油箱机械强度计算报告	Word及盖章PDF版	填写要求见附录6
13	判断	直流偏磁耐受能力计算报告	Word及盖章PDF版	填写要求见附录6
14	判断	过负荷能力计算报告	Word及盖章PDF版	填写要求见附录6
15	判断	噪声计算报告	Word及盖章PDF版	填写要求见附录6

序号	审核方式	文件名称	文件格式	标准型式
16	判断	关键工艺说明 ❷	Word及盖章PDF版	填写要求见附录6
17	审查	分接开关选型报告	Word及盖章PDF版	填写要求见附录6
18	审查	套管选型报告	Word及盖章PDF版	填写要求见附录6
19	审查	压力释放阀选型报告	Word及盖章PDF版	填写要求见附录6
20	审查	气体继电器选型报告	Word及盖章PDF版	填写要求见附录6
21	判断	外形图	盖章PDF版	工程制图标准

❶ 审核设计图纸、设计关键参数表、设计报告、组部件选型报告、关键工艺说明等反映供应商产品设计的关键证明材料,选取关键指标开展设计校核,确保产品设计符合技术标准要求。现场评估发现供应商设计验证不充分问题较多,供应商仅选择性地校核某些方面,未全面开展设计校核工作,将导致变压器在投运初期发生严重故障。附录6规定了相关技术资料的填写要求,应予以关注。

❷ 关键工艺说明的事例见典型案例1。

典型案例1　220 kV XX变1号主变故障分析报告

220kV XX变1号主变差动保护动作,跳开主变三侧开关,本体速动油压保护动作。故障后,取油样化验发现主变油中乙炔气体达81.61 μL/L、总烃达189.7 μL/L,远超标准限值,三比值结果为(1,0,2),故障类型判断为电弧放电。主变故障后离线油化验结果见表3-4。

表3-4　主变故障后离线油化验结果

组分含量 (μL/L)	氢气(H_2)	137.264
	氧气(O_2)	0
	氮气(N_2)	0
	一氧化碳(CO)	102.705
	二氧化碳(CO_2)	397.166
	甲烷(CH_4)	48.065
	乙烯(C_2H_4)	55.516
	乙烷(C_2H_6)	4.507
	乙炔(C_2H_2)	81.611
	总烃	189.699
	总烃产气率(mL/d)	43.8

综合现场试验和变压器解体检查结果(图3-1)分析,本次主变故障的原因为B

相低压线圈烧损S弯处局部场强较高,S弯换位是绕组绕制中的关键工序,S弯换位成型效果、换位处上下线饼间幅向高度以及换位后导线绝缘完好度均会直接影响绕组整体质量,供应商未对该关键工艺环节进行绝缘加强,无法保证S弯换位处有足够的绝缘裕度,导致变压器正常运行时该薄弱部位绝缘劣化击穿引发跳闸。

（a）外匝线圈

（b）内匝线圈

（c）S弯换位处导线

（d）S弯换位对应内匝导线

图3-1　B相低压线圈烧损处局部情况

2. 产品设计资料分值

产品设计资料各部分分值分配与评分原则如表3-5所示。

> **编制说明**
>
> 抗短路能力校核已由国网抗短路中心全面组织开展,此处需审核校核报告,而非计算报告。

表3-5　产品设计资料分值

序号	审核方式	文件名称	分值	评分原则	扣分原因
1	审查	基本电气参数表	10	细则见表3-6	
2	审查	供应商产品历史故障自查表	10	细则见表3-6	
3	判断	抗短路能力第三方校核报告	10	由国网公司认可的校核机构校核合格的报告得10分	
4	审查	油箱机械强度计算报告	10	细则见表3-6	
5	审查	套管选型报告	10	细则见表3-6	
6	审查	压力释放阀选型报告	5	细则见表3-6	
7	审查	气体继电器选型报告	5	细则见表3-6	
8	审查	分接开关选型报告	10	细则见表3-6	
9	判断、备案	其余资料	30	不满足附录6要求或者标准型式要求,每项资料扣3分,扣完为止 ☆	
合计			100		

> ☆ 设计资料较多,审核方式为判断、备案的资料的资料共有13份,每项资料最多扣3分,附录6包含对每一项资料的内容要求,应参照附录6进行评分。

油箱机械强度不足往往导致故障时油箱撕裂、故障扩大,应着重审核机械强度技术内容。

审核套管、压力释放阀、气体继电器、分接开关等变压器重要组部件的选型报告,引导供应商强化选型的科学性、有效性。

3. 产品设计资料审核要求

对于该部分的所有资料,提出以下通用要求:

(1)一致性。供应商提供的产品设计资料应为该评估产品的相关资料,若图纸资料所示参数、型号与该评估产品不一致,则可判断本次技术符合性评估申请无效,无需继续进行后续审查。

(2)完整性。产品设计资料清单中的相关资料应完整提供,且每项资料填写应完整。

(3)有效性。图纸至少应有编制、校核和批准的三级审核程序并签字或盖章。所有报告应由申报单位正式盖章。

产品设计资料审核方式为"审查"的专项要求及评分细则见表3-6。

表3-6 产品设计资料审查专项要求及评分细则⭐

基本信息	申报型号编号		申报供应商	
	申报设备型号		审查地点	

序号	审查项目	审查标准	审查方式及评分细则	分值	得分	扣分原因
1	基本电气参数表	1. 变压器的各侧额定电压、额定容量应符合技术协议要求;如无技术协议,应符合投标文件及设计联络会纪要要求。 2. 变压器额定分接、最大分接和最小分接的高压—中压、中压—低压的短路阻抗及偏差应符合技术协议要求;如无技术协议,应符合投标文件及设计联络会纪要要求。 3. 变压器冷却方式应符合技术协议要求;如无技术协议,应符合投标文件及设计联络会纪要要求。 4. 变压器的顶层油、绕组(平均)、绕组(热点)、油箱铁芯及金属结构件表面的温升应符合技术协议要求;如无技术协议,应符合投标文件及设计联络会纪要要求。	审查方式:查阅资料 评分细则:满分10分,全部满足得10分,任意一条不满足认定为技术符合性评估不通过。②	10		
2	供应商产品历史故障自查表	1. 变压器本体及组部件历史故障信息全面、完整、准确。	审查方式:查阅资料。 评分细则:满分10分,全部满足得10分,任意一条不满足则扣减相应分数。	3		
		2. 历史故障原因分析全面、深入。		3		
		3. 相应的整改措施能避免类似故障再次发生。		4		

序号	审查项目	审查标准	审查方式及评分细则	分值	得分	扣分原因
3	油箱机械强度计算报告	1. 报告应为专业软件仿真计算，非理论估算。	审查方式：查阅资料。评分细则：满分10分，全部满足得10分，每条2分，任意一条不满足则扣减相应分数。	2		
		2. 油箱机械强度分析应包含正压力为0.1 MPa和真空度为133 Pa工况。		2		
		3. 油箱机械强度分析应包含箱壁机械强度和变形量。		2		
		4. 详细说明加强油箱机械强度所采取的措施。		2		
		5. 防爆分析及针对性措施。		2		
4	套管选型	1. 套管爬距（标准爬距乘以直径系数 K_d，mm）、干弧距离（应乘以海拔修正系数 K_H，mm）应符合技术协议要求。	审查方式：查阅资料。评分细则：满分10分，全部满足得10分，任意一条不满足则扣减相应分数。	2		
		2. 新采购油纸电容套管在最低环境温度下不应出现负压。生产厂家应明确套管最大取油量，避免因取油样而造成负压。		2		
		3. 220 kV变压器高压套管宜采用导杆式结构；采用穿缆式结构套管时，其穿缆引出头处密封结构应为压密封。		2		
		4. 套管接线端子的含铜量不低于80%。		2		
		5. 应包含供应商在使用该型号套管时，由套管问题或套管与本体连接问题引起的设备故障自查表。		2		

第3章 评估内容

序号	审查项目	审查标准	审查方式及评分细则	分值	得分	扣分原因
5	压力释放阀选型报告	1. 供应商应提供自身产品的压力释放阀动作性能(当释放阀开启后,信号接点应可靠地切换并自锁,手动复位)、密封性能、排量性能、500次动作可靠性、信号开关接点容量、信号开关绝缘性能、密封圈耐油及耐老化性能、外观要求、外壳防护性能、防潮、防盐雾和防霉菌的要求、抗振动能力等相应数据材料。	审查方式:查阅资料。评分细则:满分5分,全部满足得5分,任意一条不满足则扣减相应分数。	1		
		2. 压力释放阀的开启压力应符合技术协议要求。		1		
		3. 压力释放阀应能承受133 Pa真空度,持续10 min,其泄漏率不应超过1.33 Pa·L/s,其结构件不应有永久变形和损坏。		0.5		
		4. 压力释放阀关闭时,向释放阀施加规定的密封压力值的静压,历时2 h,应无渗漏。		0.5		
		5. 压力释放阀信号开关接点间及导电部分对地之间应能承受2 kV的工频电压,历时1 min,不应出现闪络、击穿现象。		0.5		
		6. 压力释放阀在振动频率为4～20 Hz(正弦波)、加速度为(2～4) g时,在 X 轴、Y 轴、Z 轴三个方向各试1 min,开关接点不应动作。		0.5		
		7. 应包含压力释放阀数量及布置的设计说明。		0.5		

序号	审查项目	审查标准	审查方式及评分细则	分值	得分	扣分原因
		8. 报告中应包含供应商在使用该型号压力释放阀时由压力释放阀问题引起的设备故障自查表。		0.5		
6	气体继电器选型报告	1. 检查确认气体继电器的制造厂、型号规格、管径与技术协议、设计图纸一致。	审查方式：查阅资料。评分细则：全部满分10分,任意一条不满足则扣减相应分数。	3		
		2. 气体继电器流速整定应有选用原则,综合考虑管径、油枕高度等因素。		2		
		3. 25型气体继电器内积聚气体体积达到200~250 mL时,气体信号节点应可靠动作;50型或80型气体继电器内积聚气体体积达到250~300 mL时,气体信号节点应可靠动作。气体继电器应满足现场变压器带气体继电器做真空注油要求。		3		
		4. 报告中应包含供应商在使用该型号气体继电器时,由气体继电器误动、拒动以及气体继电器本身发生故障引起的变压器故障自查表。		2		
7	分接开关选型报告	1. 检查确认分接开关的制造厂和开关型号规格,与技术协议一致。核实分接开关的额定绝缘水平、额定通过电流、额定级电压、档位数等满足该申报产品的技术协议要求。	审查方式：查阅资料。评分细则：满分5分,全部满足得5分,任意一条不满足则扣减相应分数。	0.5		
		2. 报告中应包含供应商在使用该型号分接开关时,由分接开关问题或分接开关与本体连接问题引起的设备故障自查表。		0.5		

第3章 评估内容

序号	审查项目	审查标准	审查方式及评分细则	分值	得分	扣分原因
		3. 无励磁分接开关型式试验报告应包含触头温升试验、短路电流试验、机械试验、绝缘试验;出厂试验报告应包含机械试验、绝缘试验、压力及真空试验。 有载分接开关型式试验报告应包含触头温升试验、切换试验、短路电流试验、过渡阻抗试验、机械试验、密封试验、绝缘试验;出厂试验报告应包含机械试验、顺序试验、绝缘试验、压力及真空试验。		1		
		4. 油浸非真空式有载分接开关应选用油流速动继电器,不应采用具有气体报警(轻瓦斯)功能的气体继电器。油浸真空式有载分接开关应选用具有油流速动、气体报警(轻瓦斯)功能的气体继电器。新安装的油浸真空式有载分接开关,应选用具有集气盒的气体继电器。满足该条款得1分。 气体继电器采用全绝缘干簧管脚结构产品(全绝缘指干簧管尾部管脚引出至接线部位均有绝缘包扎,未裸露在外),满足该条款得1分。		2		
		5. 无励磁分接开关或电动机构应有限位装置,分接开关电动机构箱应符合规定的IP44等级或者协议更高要求。		0.5		

序号	审查项目	审查标准	审查方式及评分细则	分值	得分	扣分原因
		6. 有载开关应结合运维策略考虑在极寒条件下(−25℃)配置防冻措施。		0.5		
审查人:			审查时间:	年 月 日		

⭐ 对于套管、分接开关、压力释放阀、瓦斯继电器等重要组部件,应督促供应商开展历史问题自查,并明确整改措施。

⭐ 基本电气参数表中所列四项审查内容为申报产品关键性能参数,其中一项不合格则判定本次评估不通过。

3.2.2 同型号产品的试验报告审核

编制说明

本章节选取能够代表申报产品的同型号产品进行型式试验、变压器短路承受能力试验报告、申报产品试验方案进行审核,关注供应商通过型式试验和突发短路试验的产品与申报产品的相似性,引导供应商供应通过试验验证的产品。

专家组在资料审核阶段审核相关试验资料,包括与申报产品相同或相似型号产品的型式试验报告、变压器短路承受能力试验报告(如有)、申报产品出厂试验方案等。通过审核型式试验产品、短路承受能力试验产品与申报产品的相似程度以及申报产品的出厂试验方案来验证产品设计的合理性、安全性。

对于该部分的所有资料,提出以下通用要求:

(1)一致性。核实申报产品与型式试验产品、变压器短路承受能力试验产品的相似程度。变压器短路承受能力试验报告中的委托单位应与产品登记表中的变压器制造单位名称一致,不得使用同一集团内其他制造主体的试验报告替代。如公司名称发生变动,应提供有效的工商证明文件。

(2)完整性。同型号产品的试验报告资料清单中的相关资料(短路承受能力试验报告不强制要求)应完整提供,且每项资料填写应完整。变压器型式试验报告中的试验项目应包括GB/T 1094.1规定的例行试验项目、型式试验项目和国网公司变压器采购标准中规定试验项目。

（3）有效性。所有资料应由申报单位正式盖章。变压器型式试验报告应明确被试品的基本参数，由获得CNAS认可的试验室或机构出具。

1. 同型号产品的试验报告审核资料清单

同型号产品的试验报告审核资料清单如表3-7所示。

表3-7　同型号产品的试验报告审核提交资料列表

序号	审核方式	对象	文件名	文件格式	标准型式
1	判断		审查资料清单	盖章PDF版	附录3
2	判断	型式试验产品	变压器型式试验报告	盖章PDF版	无
3	备案	型式试验产品	关键原材料及组部件供应商审查备案表	Word及盖章PDF版	附录9
4	判断	型式试验产品与申报产品	变压器型式试验产品与申报产品一致性对比表	Excel及盖章PDF版	附录10
5	审查	短路承受能力试验产品	变压器短路承受能力试验报告	盖章PDF版	无
6	备案	短路承受能力试验产品	关键原材料及组部件供应商审查备案表	Word及盖章PDF版	附录11
7	判断	短路承受能力试验产品与申报产品	变压器短路承受能力试验产品与申报产品一致性对比表	Excel及盖章PDF版	附录10
8	判断	申报产品	试验方案	Word及盖章PDF版	无

2. 同型号产品的试验报告审核资料分值

同型号产品的试验报告各部分分值分配与评分原则如表3-8所示。

表3-8 同型号产品的试验报告审核资料分值

序号	审核方式	文件名称	分值	评分原则	得分	扣分原因
1	判断、备案	变压器型式试验报告、型式试验产品与申报产品关键原材料及组部件供应商审查备案表、变压器型式试验产品与申报产品一致性对比表⭐	50	1. 供应商应提供变压器第三方型式试验报告,且试验依据应为现行标准。型式试验产品与申报品类电压等级、绕组型式两要素有一项不同,归级为相似度差,不能代表申报产品,评20分以下,依据要素匹配度及型式试验报告质量进行酌情打分。 2. 型式试验产品与申报品类满足1中两要素,但冷却方式和调压方式两要素有一项不同,归级为相似度一般,能够一定程度上代表申报产品,评20~39分,依据要素匹配度及型式试验报告质量进行酌情打分。 3. 型式试验产品与申报品类上述四要素完全匹配,容量低于申报品类归级为相似度一般进行酌情打分;容量高于或等于申报品类,归级为相似度高,能够较好地代表申报产品,评40~50分,依据型式试验报告质量酌情打分。 4. 型式试验报告中检验依据有一项标准作废扣2分。		
2	判断	试验方案	30	从试验名称规范、项目齐全、试验接线及参数完整等方面酌情评分。		

序号	审核方式	文件名称	分值	评分原则	得分	扣分原因
3	审查	变压器短路承受能力试验报告、短路承受能力试验产品与申报产品关键原材料及组部件供应商审查备案表、变压器短路承受能力试验产品与申报产品一致性对比表 ❷ ❸	20	1. 变压器短路承受能力试验报告应由有资质的第三方机构出具，国外机构（如KE-MA、CESI等）出具的短路试验报告提供原版及中文对照版本，并对其准确性负责。评分2.5分。 2. 短路承受能力试验结果应满足相关技术规范的要求，应包括中低压工况试验结果。评分2.5分。 3. 变压器短路承受能力试验产品与申报产品一致性对比： (1) 变压器短路承受能力试验产品电压等级、绕组型式、电压比三要素不匹配，或无变压器突发短路试验报告，归级为似度差，不能代表申报产品，评分5分以下。 (2) 变压器短路承受能力试验产品与申报产品电压等级、绕组型式、电压比三要素匹配，容量小于申报品类，归级为相似度一般，能够一定程度上代表申报产品，评分5~10分。 (3) 变压器短路承受能力试验产品与申报产品满足上述四要素，归级为相似度高，能够较好地代表申报产品，评10~15分。		
	合　计		100			

⭐ 变压器型式试验报告、型式试验产品与申报产品关键原材料及组

部件供应商审查备案表、变压器型式试验产品与申报产品一致性对比表三份资料应结合审查申报产品和同型式试验产品一致性。变压器型式试验产品与申报产品一致性对比表主要核查电压等级、绕组型式、冷却方式、调压方式、容量五要素。型式试验产品与申报产品关键原材料及组部件供应商审查备案表主要核查关键原材料的型号规格、供应商是否属于同一水平。部分产品存在型式试验产品关键原材料及组部件优于申报产品原材料。变压器型式试验报告主要核查是否为第三方出具的检测报告、是否符合现行技术标准要求,型式试验项目是否齐全、试验结果是否合格。

　　② 容量替代原则:型式试验产品与申报产品在电压等级、绕组形式、冷却方式、调压方式四要素一致的情况下,大容量可以替代小容量。例如参数为180 MVA 三绕组自然油循环风冷(ONAF)有载调压220 kV/110 kV/10 kV 的变压器突发短路试验报告可以覆盖参数为120 MVA 三绕组自然油循环风冷(ONAF)有载调压220 kV/110 kV/10 kV 的变压器。

　　③ 电压替代原则:变压器短路承受能力试验中相同容量下低压侧电压等级越低,其出口短路电流越大,因此低压侧低电压可以替代高电压。例如,参数为180 MVA 三绕组自然油循环风冷(ONAF)有载调压220 kV/110 kV/10 kV 的变压器短路承受能力试验报告可以覆盖参数为180 MVA 三绕组自然油循环风冷(ONAF)有载调压220 kV/110 kV/35 kV 的变压器。

3.2.3　产品设计技术符合性评分

　　审核结束后,专家组总结设计资料和设计试验验证审核情况,对产品设计进行评分,形成《产品设计技术符合性审核作业表》,见附录12。

3.3　关键原材料及组部件技术符合性评估

编制说明

　　抽检评估关键原材料材质,审核关键原材料及组部件的供应商信息、相关检测报告等资料,确保关键原材料及组部件型号、供应商与采购协议一致,性能满足技术标准要求,防止原材料及组部件以次充好。

3.3.1　关键原材料及组部件资料审核

专家组在资料审核阶段审核关键原材料及组部件的供应商信息、相关试验报告等资料。

1. 关键原材料及组部件资料清单

关键原材料及组部件资料清单如表3-9所示。

编制说明
《关键原材料及组部件供应商审查备案表》中包含供应商、型号规格等信息，可用于后期质量追溯。

审核关键组部件或原材料的型式试验报告，引导供应商强化上游供应商管控，选用通过型式试验验证的产品。

审核进厂检验方法，突出技术参数的试验，引导供应商开展除外观、尺寸外的检验工作。

表3-9　关键原材料及组部件资料清单

编号	审核方式	文件名	文件要求	标准型式
1	判断	关键原材料及组部件备案提交资料清单	正式盖章版	附录3
2	判断	关键原材料及组部件供应商审查备案表	正式盖章版	附录7
3	判断	套管型式试验报告	正式盖章版	无
4	判断	套管图纸	正式盖章版	工程制图
5	判断	套管尺寸表	正式盖章版	附录8
6	判断	分接开关型式试验报告	正式盖章版	无
7	判断	气体继电器型式试验报告	正式盖章版	无
8	判断	压力释放阀型式试验报告	正式盖章版	无
9	判断	绝缘纸板、绝缘件型式试验报告	正式盖章版	无
10	审查	关键原材料及组部件进厂检验方法	正式盖章版	无

2. 关键原材料及组部件资料分值

关键原材料及组部件资料各部分分值分配与评分原则如表3-10所示。

表 3-10　关键原材料及组部件资料分值

序号	审核方式	文件名称	分值	评分原则	得分	扣分原因
1	判断	关键原材料及组部件备案提交资料清单	5	信息完整、格式正确评5分。		
2	判断	关键原材料及组部件供应商审查备案表	5	信息完整、格式正确,且抽查实际使用的关键原材料及组部件型号、供应商与备案表一致评5分。发现一处不一致扣5分。		
3	判断	套管型式试验报告	10	提供同型号套管第三方权威机构型式试验报告,评5分。若该产品无第三方型式试验报告,可提供厂家出具的套管型式试验报告,但在产品出厂6个月内供应商应提供第三方检测机构型式试验报告。		
4	判断	套管图纸	5	信息完整、格式正确评5分。		
5	判断	套管尺寸表	5	信息完整、格式正确评5分。		
6	判断	分接开关型式试验报告	10	提供同型号分接开关第三方权威机构型式试验报告,评5分。		
7	判断	气体继电器型式试验报告	10	提供同型号分接开关第三方权威机构型式试验报告,评5分。		
8	判断	压力释放阀型式试验报告	10	提供同型号分接开关第三方权威机构型式试验报告,信息完整、格式正确评10分。		

序号	审核方式	文件名称	分值	评分原则	得分	扣分原因
9	判断	绝缘纸板、绝缘件型式试验报告	10	满足以下要求,评5分:按照 DL/T1806—2018 中绝缘纸板型式试验要求执行,新产品试制投入生产时;工艺、材料发生重大改变时;日常生产每月检测一次,每三个月需覆盖所生产的各种规格产品。绝缘件型式试验要求,新产品试制投入生产时;工艺、材料发生重大改变时;日常生产每6个月1次。信息完整、格式正确评5分。		
10	审查	关键原材料及组部件进厂检验方法⭐	20	见表3-11。		
合计			100			

> ⭐ 关键原材料及组部件进厂检验方法的事例见典型案例2。

典型案例2 ××变002号变压器套管末屏引出瓷套质量不良引发设备安全隐患

2021年5月23日,002号500 kV变压器基建验收时发现中压侧套管末屏引出瓷套存在细微开裂情况(图3-2)。

2021年9月29日,与002号同型号变压器在进行投运后首检时发现中性点套管末屏绝缘电阻偏低,仅为21.7 MΩ(图3-3)。

结合现场试验结果分析,确认为套管末屏引出瓷套存在绝缘缺陷,为防止套管内部受潮,需对套管进行整体更换。

图3-2　瓷套细微开裂

图3-3　中性点套管末屏绝缘电阻

经厂内排查发现,该厂家采购的该型号套管存在一定比例的末屏引出瓷套绝缘不良的情况,该绝缘瓷套采购价格很低,入厂检验未对引出瓷套的绝缘做具体要求,变压器制造商对引出瓷套的材质选料也未作要求和规定,造成制造商不重视,绝缘件材料的选购和检验中的不严格把关,导致绝缘瓷套"带病"上岗。

对于该部分的所有资料,提出以下通用要求:

(1)一致性。供应商提供的关键原材料及组部件资料应为申报产品的相关资料,若关键原材料及组部件资料所示产品的型号、参数与申报产品不一致,则可判断本次技术符合性评估申请无效,无需继续进行后续审查。

(2)完整性。关键原材料及组部件资料清单中的相关资料应完整提供,且每项资料填写应完整。

(3)有效性。资料至少应有编制、校核和批准的三级审核程序并签字或盖章。所有报告应由申报单位正式盖章。

如申报产品在设计联络会对原材料组部件有变更,供应商清单应符合变更部分内容,并提供可替代的同等质量供应商清单。

关键原材料及组部件进厂检验方法的评分细则见表3-11。

表3-11　关键原材料及组部件进厂检验审查专项要求及评分细则

审查项目	审查标准	审查方式及评分细则	分值	得分	扣分原因
关键原材料及组部件进厂检验方法	1. 套管进厂检验应包含实际尺寸测量、外观检查、出厂试验报告检查。	审查方式:查阅关键原材料及组部件进厂检验方法。 评分细则:满分20分,不满足则扣减相应分数。	2		
	2. 有载分接开关进厂检验应包含电动机构、分接选择器、切换开关的涂漆和镀层检查及出厂试验报告检查,还应包含对开关附件(吊具、连管、气体继电器、压力释放阀)的检查。		2		
	3. 无励磁分接开关检查应包含金属镀层、绝缘件外观、紧固件检查及出厂试验报告检查。				
	4. 气体继电器进厂检验项目应包含耐压试验、密封试验、容积试验、流速试验。		3		
	5. 压力释放阀进厂检验项目应包含耐压试验、密封试验、开启压力试验、关闭压力试验。		4		
	6. 绕组线进厂检验项目至少应包含规定塑型延伸强度RP0.2、20℃时电阻系数、击穿电压、结构尺寸试验、漆膜厚度。		3		
	7. 硅钢片进厂检验项目至少应包含厚度偏差、宽度偏差、表面质量检查。		2		
	8. 绝缘纸板进厂检验项目至少应包含厚度、水分、拉伸强度、伸长率、金属异物检测。☆		4		
		审查时间:		年 月 日	

绝缘纸板的进厂检验事例见典型案例3。

典型案例3 ××变0003号变压器绝缘件质量问题引起局放超标

2020年11月1日,0003号变压器在预局放试验加压到电压时中压局放电量为2000~7000 pC,高压、低压实际放电量为200~500 pC。12月19日的局放波形如图3-4所示。分析判断局放位置为主柱线圈上部铁轭垫块附近,局放原因为铁轭垫块绝缘件存在缺陷,决定更换主柱线圈上部铁轭垫块绝缘件。

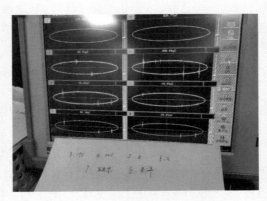

图3-4 ××变0003号12月19日局放波形

供应商在绝缘件进厂试验环节未进行相关试验项目,对关键原材料把关不严,导致主变绝缘水平不满足要求的严重后果。

3. 关键原材料及组部件资料审查结论

专家组审查供应商提供的关键原材料及组部件供应商资料后,总结审核情况,并形成《关键原材料及组部件审核作业表》,对审查结论签字确认,表格参见附录13。

3.3.2 关键原材料材质评估

委托第三方有资质的检测机构对申报产品绕组线、硅钢片、绝缘纸板进行材质评估,省公司可根据设备管理需要选择抽检原材料及项目。在评估前供应商应提供相应试验项目的设计值(标准值),以便后续对比分析。

在设计院确认图纸后,设备所属单位应告知供应商原材料抽检工作,要求供应商留出足够的原材料余量,保证之后原材料抽检的开展。监造单位负责原材料的取样,供应商送交用户认可的第三方检测机构进行检验。

对于同一供应商的同批次同型号产品,选取一台进行材质评估;对于后续产品出厂试验申请的设备,如绕组线、硅钢片、主要绝缘材料的供应商发生变化且在附录7中,则需重新委托第三方有资质的检测机构进行材质评估。

对原材料开展如表3-12所示的试验项目。

表3-12　原材料评估试验项目

评估对象	试验项目	依据标准
绕组线(换位导线)	1. 整体抗弯试验; 2. 黏结强度; 3. 规定塑型延伸强度RP0.2。	GB/T 33597—2017　换位导线; JB/T 6758.1换位导线　第1部分:一般规定; Q/GDW 11482—2016　1000 kV交流变压器用绕组线技术要求　第1部分:纸绝缘换位导线; GB/T 228.1　金属材料拉伸试验　第1部分:室温试验方法; GB/T 4074.1—2008　绕组线试验方法　第1部分:一般规定; GB/T 4074.3—2008　绕组线试验方法　第3部分:机械性能。
硅钢片	1. 磁感应强度B800/50; 2. 比总耗损P1.7/50; 3. 表面绝缘电阻; 4. 涂层附着性。	GB/T 3655—2008　用爱泼斯坦方圈测量电工钢片(带)磁性能的方法; GB/T 2522—2017　电工钢带(片)涂层绝缘电阻和附着性测试方法; GB/T 19289—2019　电工钢带(片)的电阻率、密度和叠装系数的测量方法; YB/T 4292—2012　电工钢带(片)几何特性测试方法; Q/GDW 11744—2017　特高压直流换流变压器用冷轧取向电工钢带(片)技术条件。
绝缘纸板	1. 拉伸强度和伸长率; 2. 压缩性; 3. 水萃取液电导率; 4. 吸油性; 5. 电气强度(油中)。	GB/T 19264.1—2011　电气用压纸板和薄纸板 第1部分:定义和一般要求; GB/T 19264.2—2013　电气用压纸板和薄纸板 第2部分:试验方法; GB/T 19264.3—2013　电气用压纸板和薄纸板 第3部分:压纸板。

原材料评估试验的判断标准见表3-13。

表 3-13　原材料评估试验判断标准

原材料检测	申报型号编号		申报供应商		
	申报设备型号		检测地点		
	检测人员		检测时间		

序号	项目	内容	评分标准	设计值（或标准值）	检测结果	得分
1	绕组线	整体抗弯试验	1. 高温自粘换位导线：线芯在15~33之间的自换位导线,固化后在常温下进行径向抗弯得到的力－变形曲线斜率比值应是固化前此比值的15倍以上;固化后在120℃下进行径向抗弯得到力-变形曲线斜率比值应是固化前此比值的3倍以上。	常温：　倍 120℃：　倍	常温：　倍 120℃：　倍	
			2. 非高温自粘换位导线自粘性换位导线,固化后在常温下进行径向抗弯得到的力-变形曲线斜率与固化前的力-变形曲线斜率比值的实测值。满足上述要求且检测值等于或优于设计值得10分。			
		黏结强度	按漆包扁线黏结强度试验方法开展。强度：N1型≥5 N/mm²;常温：N2型≥8 N/mm²;120℃：N2型≥5 N/mm²。满足上述要求且检测值等于或优于设计值得5分。	强度：　N/mm²	强度：　N/mm²	

序号	项目	内容	评分标准	设计值（或标准值）	检测结果	得分
		规定塑型延伸强度 $R_{p0.2}$	规定塑形延伸强度根据材料力延伸曲线实际测定。 T型≤100； 100＜C1型≤180； 181＜C2型≤220； 221＜C3型≤260。 满足上述要求或绕组线出厂试验报告，且检测值等于或优于设计值得10分。	规定塑形延伸强度 $R_{p0.2}$： N/mm²	规定塑形延伸强度 $R_{p0.2}$： N/mm²	
2	硅钢片	磁感应强度 $B_{800/50}$	每个项目分值10分，检测值等于或优于设计值得10分。	磁感应强度： T	磁感应强度： T	
		比总耗损 $P_{1.7/50}$		比总损耗： W/kg	比总损耗： W/kg	
		表面绝缘电阻		表面绝缘电阻系数： Ω·mm²	表面绝缘电阻系数： Ω·mm²	
		涂层附着性		涂层附着性：	涂层附着性：	

序号	项目	内容	评分标准	设计值（或标准值）	检测结果	得分
3	绝缘纸板	拉伸强度和伸长率（横向和纵向）	纵向： $\delta\leqslant1.6$mm，拉伸强度≥100 MPa；伸长率≥3 MPa 1.6 mm<$\delta\leqslant3.0$ mm，拉伸强度≥105 MPa；伸长率≥3 MPa 3.0 mm<$\delta\leqslant6.0$ mm，拉伸强度≥110 MPa；伸长率≥3 MPa 6.0 mm<$\delta\leqslant85.0$ mm，拉伸强度≥120 MPa；伸长率≥3 MPa 横向： $\delta\leqslant1.6$ m，m拉伸强度≥75 MPa；伸长率≥4 MPa 1.6 mm<$\delta\leqslant3.0$ mm，拉伸强度≥80 MPa；伸长率≥4 MPa 3.0 mm<$\delta\leqslant8.0$ mm，拉伸强度≥85 MPa；伸长率≥4 MPa 检测值等于或优于标准要求值得5分 （未包含尺寸参见标准GB/T 19264.3）	1. $\delta=$ mm 拉伸强度： 纵向： MPa 横向： MPa 伸长率： 纵向： MPa 横向： MPa 2. $\delta=$ mm 拉伸强度： 纵向： MPa 横向： MPa 伸长率： 纵向： MPa 横向： MPa 3. $\delta=$ mm 拉伸强度： 纵向： MPa 横向： MPa 伸长率： 纵向： MPa 横向： MPa	1. 拉伸强度： 纵向： MPa 横向： MPa 伸长率： 纵向： MPa 横向： MPa 2. 拉伸强度： 纵向： MPa 横向： MPa 伸长率： 纵向： MPa 横向： MPa 3. 拉伸强度： 纵向： MPa 横向： MPa 伸长率： 纵向： MPa 横向： MPa	

序号	项目	内容	评分标准	设计值（或标准值）	检测结果	得分
		压缩性	$d \leqslant 1.6$mm，压缩性$\leqslant 10\%$； 1.6 mm $< d \leqslant 3.0$ mm，压缩性$\leqslant 7.5\%$； 3.0 mm $< d \leqslant 6.0$ mm，压缩性$\leqslant 5.0\%$； 6.0 mm $< d \leqslant 8.0$ mm，压缩性$\leqslant 4.0\%$ 满足上述要求且检测值等于或优于设计值得8分。	$\delta \leqslant 1.6$ mm，压缩性$\leqslant$ ％； 1.6 mm$< d \leqslant 3.0$ mm，压缩性$\leqslant$ ％； 3.0 mm $< d \leqslant 6.0$ mm，压缩性$\leqslant$ ％； 6.0 mm$< d \leqslant 8.0$ mm，压缩性$\leqslant$ ％	$d \leqslant 1.6$ mm，压缩性：$\leqslant$％； 1.6 mm $< d \leqslant 3.0$ mm，压缩性：％； 3.0 mm $< d \leqslant 6.0$ mm，压缩性：％； 6.0 mm$< d \leqslant 8.0$ mm，压缩性：％	
		水萃取液体电导率	$\delta \leqslant 1.6$mm，电导率$\leqslant 4.0$ mS/m； 1.6 mm $< \delta \leqslant 3.0$ mm，电导率$\leqslant 4.5$ mS/m； 3.0 mm $< \delta \leqslant 6.0$ mm，电导率$\leqslant 6.0$ mS/m； 6.0 mm $< \delta \leqslant 8.0$ mm，电导率$\leqslant 8.0$ mS/m（未包含尺寸参见 GB/T 19264.3）。 满足上述要求且检测值等于或优于设计值得6分。	1. $\delta =$ mm；电导率$\leqslant$ S/m； 2. $\delta =$ mm；电导率$\leqslant$ S/m； 3. $\delta =$ mm；电导率$\leqslant$ S/m。	1. 电导率：S/m； 2. 电导率：S/m； 3. 电导率：S/m。	

序号	项目	内容	评分标准	设计值（或标准值）	检测结果	得分
		吸油性	$d \leqslant 1.6\text{mm}$，吸油性$\geqslant$11%； 1.6 mm$<d\leqslant$3.0 mm，吸油性$\geqslant$9%； 3.0 mm$<d\leqslant$6.0 mm，吸油性$\geqslant$7%； 6.0 mm$<d\leqslant$8.0 mm，吸油性$\geqslant$6%。 满足上述要求且检测值等于或优于设计值得6分。	1. $d=$ mm,吸油性$\geqslant$ %； 2. $d=$ mm,吸油性$\geqslant$ %； 3. $d=$ mm,吸油性$\geqslant$ %； 4. $d=$ mm,吸油性$\geqslant$ %。	1. $d=$ mm,吸油性： %； 2. $d=$ mm,吸油性$\geqslant$ %； 3. $d=$ mm,吸油性： %； 4. $d=$ mm,吸油性： %。	
		电气强度（油中）	$\delta\leqslant 1.6\text{mm}$，油中电气强度$\geqslant$45 kV/mm； 1.6 mm$<\delta\leqslant$3.0 mm,油中电气强度$\geqslant$40 kV/mm； 3.0 mm$<\delta\leqslant$8.0 mm,油中电气强度$\geqslant$30 kV/mm。 （未包含尺寸参见GB/T 19264.3） 满足上述要求且检测值等于或优于设计值得10分。	1. $\delta=$ mm,电气强度$\leqslant$ kV/mm； 2. $\delta=$ mm,电气强度$\leqslant$ kV/mm； 3. $\delta=$ mm,电气强度$\leqslant$ kV/mm。	1. 电气强度$\leqslant$ kV/mm； 2. 电气强度$\leqslant$ kV/mm； 3. 电气强度$\leqslant$ kV/mm。	
	总 分		100			

对原材料的取样要求见表3-14。

表 3-14 原材料评估的取样要求

评估对象	取样要求	备注
绕组线	1. 每种规格导线原则上应抽样一次。 2. 每种规格长 20 cm、S 弯处为中点的 20 根，50 cm 两根。 3. 单个样品应标明取样时间、取样见证人员、取样编号、取样人员联系方式，出厂检验报告、进厂检验报告。 4. 样品包装应避免造成损伤和污染。	
硅钢片	1. 不同厂家产品均应进行抽样； 2. 比总耗损（包括正弦、谐波、直流偏磁工况）、磁感应强度试验项目取样如下：① 对于激光刻痕样品，在卷头和卷尾处各取 5 片尺寸为 500 mm×500 mm 的试样；② 对于非刻痕样品，在钢卷的卷头和卷尾处各取 1 副尺寸为 30 mm×300 mm 的爱泼斯坦方圈试样，试样由 4 倍的样片组成，重量应大于 0.50 kg。具备条件的情况下，自行在 850 ℃ 完成 2 h 去应力退火（氮气保护）。试样的取样方法、尺寸及尺寸公差应符合 GB/T 3655 的规定。 3. 表面绝缘电阻试验项目取样如下：① 对于激光刻痕样品，无需再取样；② 对于非刻痕样品，在钢卷的卷头和卷尾处各取 5 片尺寸为 150 mm×300 mm 的试样。 4. 涂层附着性试验项目取样如下：① 对于激光刻痕样品，在钢卷的卷头和卷尾处各取 1 副试样，每副 50 片以上，试样尺寸为 30 mm×300 mm，长边应严格平行于轧制方向；② 对于非刻痕样品，不必再取样，直接采用完成磁性能测量的爱泼斯坦方圈试样进行试验。 5. 单个样品应标明取样时间、取样见证人员、取样编号、取样人员联系方式，出厂检验报告、进厂检验报告。 6. 样品包装应避免邮寄过程中造成损伤，做防潮、防折、防撞处理。	
绝缘纸板	1. 拉伸强度和伸长率：15 mm×300 mm，纵向 10 条、横向 10 条。 2. 压缩性：边长为 25 mm±0.5 mm 的方形试片，确保高度在 25～50 mm，3 组。 3. 水萃取液电导率：质量约为 20 g（不少于 20 g），形状不限，2 块。 4. 吸油性：100 mm×100 mm，3 块矩形样片。 5. 电气强度（油中）：每种型号 300 mm×300 mm 各 10 块。 6. 每类纸板应标明取样时间、取样见证人员、取样编号、取样人员联系方式，出厂检验报告、进厂检验报告。 7. 样品包装应避免邮寄过程中造成损伤，做防潮、防折、防撞处理。	

3.3.3 关键原材料及组部件技术符合性评分

审核结束后，专家组总结关键原材料及组部件资料和抽检项目审核情况,对关键原材料及组部件资料和抽检项目进行评分,形成《关键原材料及组部件审核作业表》,见附录13。

3.4 生产制造能力符合性评估

从生产环境条件、外购件质量管控、重要组部件制造能力、设备检验试验能力等方面评估产品质量管控水平。结合出厂试验见证,重点核实历史问题整改、设计联络会响应、前期资料真实性情况。

3.4.1 供应商产品质量管控水平评估

在评估过程中,如需结合相关图纸(包括但不限于升高座图、基础图、绕组图、引线图、铁芯图、夹件图、器身图、油箱及箱盖图)进行核查,供应商应在工厂提供相应的图纸供查阅。

专家组结合出厂试验见证,针对与申报产品直接相关的车间环境管理、原材料及供方管理、制造能力、试验能力等方面对供应商产品质量管控水平进行评估,部分审查项目可采取对工厂作业人员现场考查的方式,评估要求与分值见表3-15。

表3-15 供应商产品质量管控水平评估要求与分值

序号	审查项目	审查标准	分值	得分	扣分原因
1	生产环境条件	1. 出入口是否采取清洁措施:	/	/	
		人员进入车间前有除尘措施(风淋除尘、鞋底清洁等)。	2		
		进入车间的人员采取了有效的防尘措施(工作服、专用鞋或鞋套、安全帽等)。	2		
		2. 作业环境是否整洁:	/	/	
		划定不同材料、组件的堆放区域,防止废料污染和不合格品混用。	2		
		材料、组件应堆放整齐,并有针对性地采取遮盖、加装封板等措施保持清洁。	2		
		3. 洁净度管理是否满足不同作业的温湿度、防尘要求:	/	/	

序号	审查项目	审查标准	分值	得分	扣分原因
		降尘量监测装置应放置在相应作业现场区域内,不应放置在车间角落。	4		
		各车间环境温度和相关湿度控制方式,仅能显示测量数据得2分;自动控制3分、集中控制得4分。	4		
		绝缘件加工环境满足:温度10~30 ℃,相对湿度≤70%,降尘量≤30 mg/m²·d 。☆	3		
		铁芯加工环境满足温度8~32 ℃,湿度≤70%;降尘量≤30 mg/m²·d。	3		
		器身装配环境满足温度8~32 ℃,湿度≤70%;降尘量20 mg/m²·d。	3		
		绕组绕制环境满足温度8~32 ℃,湿度≤70%;降尘量≤20 mg/m²·d。	3		
		总装配环境满足温度:8~32 ℃,湿度≤70%;降尘量≤20 mg/m²·d。	3		
		总　分	31		
2	外购件的质量管控能力	外购件质量管理是否完善:	/	/	
		有冷却系统(散热器、油泵、风机等)进厂检查记录,散热器原厂出厂报告中应有密封试验、热油(或煤油)冲洗、和散热性能(或冷却容量)及声级测定等的内容;油泵外壳防护等级为IP55,油泵电动机的轴承精度应至少为E级。	3		
		有储油柜进厂检查记录,波纹管储油柜波纹管应伸缩灵活,密封完好,胶囊式储油柜的胶囊完好。	3		
		有硅钢片进厂检验记录,具备检测单耗、平整度等性能指标的能力。	3		
		有导线进厂检查记录,包含导线电阻率、绝缘厚度和层数以及导线外形尺寸等。	2		
		现场核查套管进厂检验报告(检查记录),如介质损耗因数和电容量测量、尺寸检验试验项目等。	2		

序号	审查项目	审查标准	分值	得分	扣分原因
		现场核查有载调压分接开关进厂检验报告(检查记录),如外观检查,接触电阻电阻测量(抽查)、过渡电阻测量试验项目;无励磁分接开关进厂检验报告(检查记录),如外观检查,触头压力测量、接触电阻测量(抽查)试验项目。	3		
		变压器供应商是否明确要求绝缘油供应商提供新油(运至变电站)的无腐蚀性硫、结构簇、糠醛及油中颗粒度报告。	2		
		总　　分	18		
3	重要组部件制造能力	对于产品的重要组部件,公司是否具备生产和加工能力:	/	/	
		能绕制和压紧绕组,并保证换位平整、导线无损伤。	4		
		能加工和叠装铁芯,硅钢片纵剪质量满足:毛刺≤0.02 mm;条料边沿波浪度≤1.5%(波高/波长)。横剪质量满足:毛刺≤0.02 mm。	4		
		能检测绝缘纸板含水量,并据此设定不同的干燥程序	4		
		能生产油箱,并严格控制定位和配合尺寸。	4		
		总　　分	16		
4	设备检验试验能力	检验或试验仪器、环境是否能保证设备得到全面的检验:	/	/	
		供应商实验室通过CNAS认可,仪器仪表有CNAS认可的校准机构出具合格有效的第三方校准/检定证书。	2		
		配备耐受直流偏磁测试系统。	2		
		配备线端交流耐压试验支撑中间变压器。	3		
		配备X光或超声焊缝探伤仪。	2		
		配备同步发电机组及中频发电机组。	2		
		配备1800 kV及以上的冲击电压发生器。	2		
		配备局部放电定位系统。	3		
		具备独立的试验车间并有良好的屏蔽措施及独立无干扰的试验电源(含仪器电源)。	3		

序号	审查项目	审查标准	分值	得分	扣分原因
		绝缘油试验应具备绝缘油耐压测试仪、微水测量仪、颗粒计数器、气相色谱仪、闭口闪点仪、绝缘油介损仪等试验项目。	2		
		总　分	21		
5	其他	1. 套管顶部油枕注油孔应布置在侧面不易积水的位置。	1		
		2. 户外布置变压器的气体继电器、油流速动继电器、温度计、油位表应加装防雨罩。	1		
		3. 套管均压环应采用单独的紧固螺栓,禁止紧固螺栓与密封螺栓共用,禁止密封螺栓上、下两道密封共用。	1		
		4. 压力释放阀需采取有效措施防潮防积水,释放阀的导向装置安装和朝向应正确,确保油的释放通道畅通。	2		
		5. 电容式套管末屏应采用固定导杆引出,通过端帽或接地线可靠接地。新采购的套管末屏接地方式不应选用圆柱弹簧压接式接地结构。	1		
		6. 油箱内部不应有窝气死角,套管升高座等处积集气体应通过带坡度的集气总管引向气体继电器,再引至储油柜。在气体继电器管路的两侧加蝶阀。	2		
		7. 尚未进行出厂试验的产品,如因工艺或质量问题重复干燥或拔出铁轭的扣6分。	6		
		总　分	14		
审查人			审查时间	年　月　日	
总　分				100	

★ 绝缘加工环境安全事例见典型案例4。

典型案例4　××供电公司220 kV主变绝缘件开裂

××供电公司在开展220 kV变电站新建工程关键点出厂验收时发现#1主变在器身干燥后,部分绝缘件出现开裂情况,具体情况如下。

2020年07月12日器身干燥完成后,在进行器身压装整理阶段,发现部分绝缘件存在开裂、局部损伤现象,具体开裂、损伤情况如下:

（1）高压A相侧调压引线支架支撑用绝缘立木存在贯穿性开裂现象，开裂宽度约2 mm，详见图3-5。

（2）B相线圈与下部夹件托板间下部绝缘垫块有一处开裂，详见图3-6。

图3-5　立木开裂情况

图3-6　绝缘垫块开裂情况

本台主变所使用绝缘件采用酚醛树脂纸热压黏结，由于几层纸板含水量和收缩率很难完全一致，同时近阶段属于梅雨季节，空气中湿度较大，绝缘件加工完成后，易造成绝缘件表面吸湿，从而导致在器身干燥过程中，造成立木和绝缘垫块纸板黏结层间出现开裂现象。

供应商在绝缘件制造以及总装环节未针对梅雨季节空气湿度较大问题采取有

效措施,导致绝缘件吸湿受潮,干燥过程中产生开裂现象,影响变压器整体绝缘性能。

3.4.2 产品历史问题与设联会响应情况及资料真实性核查评估

专家组结合出厂试验见证,在供应商工厂对历史问题整改和设联会响应情况进行复核,对前期提供的变压器资料真实性进行抽查。

1. 历史问题收集

各省公司在设联会前会同监造单位和地市公司收集运检环节供应商产品历史运行问题形成《历史问题汇总表》(见附录14)反馈供应商。《历史问题汇总表》应包含故障简况、故障部位、故障原因分析、后续工作建议。

编制说明:历史问题查评应视问题分类进行汇总,不限于同型号产品历史问题,共性历史问题应列入历史问题整改查评范围。

2. 历史问题整改和设联会响应情况监造初审和见证

监造单位应对《供应商产品历史故障自查表》(见附录5)和《历史问题汇总表》(见附录14)进行初步审核,确保供应商对所有的历史问题都提出了整改措施,并且明确每一项整改措施的见证方法。

监造单位在设备生产制造过程中,关注历史问题整改措施和设联会响应情况,确保整改过程有记录、可追溯。总结供应商整改措施见证内容,监造单位编制《历史问题整改情况和设联会响应情况见证表》(见附录15),对于涉及设备内部结构的整改措施应在设备制造过程中留存体现整改措施的照片、视频。

3. 前期提交资料真实性抽查

专家组对前期资料审核部分提供的相关资料进行现场抽查,审核前期提交资料的真实性。

编制说明

220 kV变压器供应商众多,生产制造水平良莠不齐,部分供应商存在前期资料与申报产品不符的情况,应在工厂对前期资料进行抽查,复核前期资料的真实性。

4. 产品历史问题与设联会响应及变压器资料真实性性抽查情况评估要求

产品历史问题与设联会响应及变压器一致性情况评估要求及评分细则,见

表3-16所示。

表3-16　产品历史问题与设联会响应及变压器一致性情况评估要求及评分细则

| 基本信息 | 申报型号编号 | | 申报供应商 | |
| | 申报设备型号 | | 审查地点 | |

序号	审查项目	审查标准	审查方式及评分细则	分值	评分	扣分原因
1	《历史问题汇总表》《历史问题整改情况和设联会响应情况反馈表》《历史问题整改情况和设联会响应情况见证表》	1. 历史问题整改措施全面。对《历史问题汇总表》所列的问题和设联会要求，供应商应针对该问题涉及的设计、技术、工艺、质检、材料等原因提出了相对应的整改措施。	查阅资料；评分细则：满分60分，全部满足得60分，每条30分，任意一条不满足则扣减相应分数。	30		
		2. 历史问题整改措施有效及适当。供应商整改措施应避免历史问题再次发生，其中涉及重大设备变更的，应经过设计部门的统筹分析和计算，不应引入新的设备问题。		30		
2	变压器资料真实性抽查	对前期资料审核部分提供的相关资料进行现场抽查（如核实电场计算报告的真实性：在现场评估阶段，要求供应商在工厂进行电场的仿真计算，与资料审核阶段提供的电场计算报告进行对比）。	1项资料不真实，酌情扣5～20分，扣完为止	40		
审查人：			审查时间：	年　月　日		
总　分				100		

3.4.3　生产制造能力技术符合性评分

审核结束后，专家组总结供应商产品质量管控水平、产品历史问题与设联会响应审核情况,对生产制造能力技术符合性进行评分,形成《生产制造能力技术符合性审核作业表》,见附录16。

3.5　变压器结构一致性技术符合性评估

在评估过程中,评估专家针对绕组、引线、铁芯、夹件、器身等设计图纸进行数据核查,供应商应配备相应图纸设计人员,并在制造车间提供相应的图纸供查阅。

> **编制说明**
>
> 现场核查绕组、引线、铁芯、夹件、器身等设计图纸的实际参数,与前期抗短路能力校核工作时提交的参数开展比对,验证前期提交参数与现场执行的一致性,以技术符合性评估为抓手,进一步做实抗短路能力校核工作。

专家组结合出厂试验见证,在供应商工厂对变压器结构一致性评估情况进行复核。变压器结构一致性情况评估要求及评分细则见表3-17。

表3-17　变压器结构一致性情况评估要求及评分细则

| 基本信息 | 申报型号编号 | | | | 申报供应商 | | | |
| | 申报设备型号 | | | | 审查地点 | | | |
序号	审查项目	审查内容	审查地点	审查标准	审查方式及评分细则	分值	评分	扣分原因
1	变压器基本参数核查	产品代号、器身总重量、绕组数量、冷却方式、调压接线方式、额定电压、额定容量、短路阻抗、绕组联结方式等	总装配车间或器身车间	核对变压器抗短路能力校核备案参数与现场生产或图纸实际参数是否一致,如果不一致扣除相应分数。	核查现场车间或设计图纸;评分细则:满分100分,全部满足得100分,一项不满足扣1分,扣完为止。	15		

序号	审查项目	审查内容	审查地点	审查标准	审查方式及评分细则	分值	评分	扣分原因
2	铁芯参数核查	铁芯结构类型、拉板数量等	铁芯车间或器身车间	核对变压器抗短路能力校核备案参数与现场生产或图纸实际参数是否一致，如果不一致扣除相应分数。	核查现场车间或设计图纸；评分细则:满分100分,全部满足得100分,一项不满足扣1分、扣完为止。	10		
3	绕组公共参、基本参数	绕组的结构方式、出线方式等	绕组车间			30		
4	绕组端圈参数	绕组上/下部端的绝缘环层数、内半径等	绕组车间			20		
5	绕组安匝分布参数	安匝分区内每饼数是否自粘、单根绕组线子导线根数等	绕组车间			15		
6	极限倾斜力、拉带和铁轭（拉板、夹板、拉带和铁轭）	每个拉板长度、夹件质量等	器身车间或铁芯车间			10		
总 分						100		
审查人:				审查时间:		年　月　日		

第3章 评估内容

审核结束后,专家组总结供应商产品变压器结构一致性评估审核情况,对变压器结构一致性技术符合性进行评分,形成《变压器结构一致性技术符合性审核作业表》,见附录17。

3.6 出厂试验验证技术符合性评估

> **编制说明**
>
> 本节选取能够代表申报产品重点性能的八项特殊性试验进行审核评估,随机选取空载损耗测量、负载损耗测量、声级测定、温升试验进行抽检,进一步验证出厂试验结果。

结合出厂试验对每台产品开展出厂试验验证技术符合性评估。如发现供应商在出厂试验环节出现弄虚作假的情况,则扣减相应试验项目的分数。

3.6.1 重点性能参数出厂试验

重点性能参数出厂试验应由专家组与物资管理、项目建设、监造单位的专家(代表)及供应商共同见证。

同时,可根据设备管理需求对空载损耗测量、负载损耗测量、声级测定、温升试验项目开展抽检,抽检时由各省公司自备或委托第三方准备功率分析仪或声级计在工厂进行试验,自备功率分析仪或声级计应为省级及以上计量院校准;供应商负责提供试验所需的其他仪器设备,并提交其CNAS认可的校准机构出具合格有效的第三方校准/检定证书。

注意:空载损耗测量、负载损耗测量、声级测定、温升试验项目作为抽检项目,应结合设备管理需求进行随机抽取。

> **编制说明**
>
> 损耗类试验结果与变压器绕组、硅钢片选材关系密切,而且在交接试验阶段不开展损耗类试验,增加抽检项目能够有效避免主要原材料以次充好的问题。空载损耗和负载损耗直接决定变压器能效等级,在变压器能效提升的大背景下,通过抽检进一步验证后能够确保供应商严格执行投标时承诺的能效标准。变压器噪声能够有效反映变压器整体制造水平,也应纳入抽检范围。

如果出现抽检结果和供应商试验结果不一致,则判定该申报产品的技术符合性评估不通过,并且可对该供应商的其他产品加大抽检力度。

变压器重点性能参数出厂试验项目及要求如表3-18所示。

表3-18 重点性能参数出厂试验评分细则 ❶

重点性能参数出厂试验	申报型号编号		申报供应商	
	申报设备型号		检测地点	
	检测人员		检测时间	

试验项目	试验要求	试验标准及评分细则	试验结果及评分
空载损耗测量	1.仪器准备。各省公司提供或委托第三方提供高精度功率分析仪(抽检时)。供应商提供的电流互感器和电压互感器的精度不应低于0.05级,量程合适;且经过CNAS认可的第三方检测机构校验合格。 2.空载损耗测量。当有效值电压表与平均值电压表读数之差大于3%时,应商议确定试验的有效性;怀疑有剩磁影响测量数据时,应要求退磁后复试。 3.试验方法依据GB/T 1094.1—2013。	试验标准:符合技术协议要求。❸ 评分细则:分值为10分,不符合技术协议得0分;符合技术协议得10分,此外损耗每减少1 kW加1分,不足1分的加0分。	额定电压空载损耗: kW 评分:
负载损耗测量 ❷	1.仪器准备。各省公司提供或委托第三方提供高精度功率分析仪(抽检时)。供应商提供电流互感器和电压互感器,精度不应低于0.05级,量程合适;且经过CNAS认可的第三方检测机构校验合格。 2.负载损耗测量。应施加50%~100%的额定电流,三相变压器应以三相电流的算术平均值为基准;试验测量应迅速进行,避免绕组发热影响试验结果。 3.试验方法依据GB/T 1094.1—2013。	试验标准:符合技术协议要求。 评分细则:分值为10分,不符合技术协议得0分;符合技术协议得10分,此外损耗每减少4 kW加1分,不足1分的加0分。	高－中主分接(额定容量、75℃、不含辅机损耗)负载损耗: kW 评分:

试验项目	试验要求	试验标准及评分细则	试验结果及评分
声级测定	1. 仪器准备。各省公司提供或委托第三方提供传声器、声级计等仪器开展声级测定工作（抽检时）。 2. 声级测定。各传声器测量点应沿规定的轮廓线上大致均匀地布置，且彼此之间的距离不大于1 m。 3. 试验方法依据GB/T 1094.10—2003和GB/T 1094.101—2008。	试验标准：符合技术协议要求。 评分细则：分值为10分，不符合技术协议得0分；符合技术协议得10分。此外，声级每减少1 dB(A)加2分，以声压级测量值最高值为基础计算加分。	(0.3 m)声功率级/声压级： dB(A) (2.0 m)声功率级/声压级： dB(A) 评分：
温升试验	1. 仪器准备。各省公司提供或委托第三方提供功率分析仪（抽检时），应用高精度的功率分析仪并开展该试验。供应商提供的电流互感器和电压互感器的精度不应低于0.05级，且量程合适；且经过CNAS认可的第三方检测机构校验合格。 2. 温升测量。选在最大电流分接上进行，施加的总损耗应是空载损耗与最大负载损耗之和。当顶层油温升的变化率小于每小时1 K，并维持3 h时，取最后一个小时内的平均值为顶层油温。配以红外热像检测油箱温度。对于多种组合冷却方式的变压器，应进行各种冷却方式下的温升试验。 3. 试验方法依据GB/T 1094.2—2017。	试验标准：符合技术协议要求。 评分细则：分值为15分，不符合技术协议得0分；符合技术协议得15分，此外温升每减少1 K加2分，以各温升测量值最高值为基础计算加分。	顶层油： K 高压绕组(平均)： K 中压绕组(平均)： K 低压绕组(平均)： K 绕组(热点)： K 油箱表面： K 评分：

试验项目	试验要求	试验标准及评分细则	试验结果及评分
线端雷电全波、截波冲击试验	1. 仪器准备。由供应商提供CNAS认可的第三方检测机构校验合格的试验仪器。 2. 雷电冲击试验。对照试验方案,作好现场记录。如果分接范围≤±5%,变压器置于主分接试验;如果分接范围>±5%,试验应在两个极限分接和主分接进行,在每一相使用其中的一个分接进行试验。 全波:波前时间一般为1.2 μs±30%,半峰时间50 μs±20%,电压峰值允许偏差±3%。 截波:截断时间应在2~6 μs间,跌落时间一般不应大于0.7 μs,波的反极性峰值不应大于截波冲击峰值的30%。 3. 对于10 μs内的波形变化应做好记录。供应商应在试验报告中针对这些波形变化进行分析和解释。 4. 试验方法依据GB/T 1094.3—2017、GB/T 1094.4—2005。	试验标准:符合技术协议要求。变压器无异常声响,电压、电流无突变,在降低试验电压下冲击与全试验电压下冲击的示波图上电压和电流的波形无明显差异。 评分细则:分值为15分,不符合技术协议得0分;符合技术协议得15分。一次性通过试验的满分,第一次不合格重复试验合格的扣2分,两次、三次分别扣2分,三次以上为0分。	□通过 □不通过 评分:

试验项目	试验要求	试验标准及评分细则	试验结果及评分
操作冲击试验	1. 仪器准备。由供应商提供CNAS认可的第三方检测机构校验合格的试验仪器。 2. 对照试验方案,作好现场记录。冲击电压波形从视在原点到峰值 T_p 至少为100 μs,超过90%规定峰值的时间 T_d 至少为200 μs,从视在原点到第一个零点的全部时间 T_z 至少为1000 μs。 3. 对于200 μs内的波形变化应做好记录。供应商应在试验报告中针对这些波形变化进行分析和解释。 4. 试验方法依据GB/T 1094.3—2017、GB/T 1094.4—2005。	试验标准:符合技术协议要求。变压器无异常声响,电压、电流无突变,在降低试验电压下冲击与全试验电压下冲击的示波图上电压和电流的波形无明显差异。 评分细则:分值为10分,不符合技术协议得0分;符合技术协议得10分。一次性通过试验的满分,第一次不合格重复试验合格的扣2分,两次、三次分别扣2分,三次以上为0分。	□通过 □不通过 评分:
带有局部放电测量的感应电压试验★	1. 仪器准备。由供应商提供CNAS认可的第三方检测机构校验合格的试验仪器。 2. 局部放电测量。高压引线侧应无晕化。背景噪声应小于视在放电规定限值的一半。每个测量端子都应进行校准,并记录各测量端子间的传递系数。 3. 对于偶尔出现、不持续的脉冲信号应做好记录。供应商应在试验报告中针对这些信号进行分析和解释。 4. 提供铁芯、夹件以及低压侧局放实测数据。 5. 试验方法依据GB/T 1094.3—2017。	试验标准:符合技术协议要求 评分细则:分值为25分,不符合技术协议得0分;符合技术协议得25分。若未一次性通过,后续进行修复的,未吊芯修复即通过试验的一次扣3分,吊芯修复后通过试验的,一次扣5分,试验验数据缺失1项扣3分。	高压侧局放: pC 中压侧局放: pC 低压侧局放: pC 铁芯、夹件局放: 评分:

试验项目	试验要求	试验标准及评分细则	试验结果及评分
外施耐压试验	1. 仪器准备。由供应商提供CNAS认可的第三方检测机构校验合格的试验仪器。 2. 全电压试验值施加于被试绕组的所有连接在一起的端子与地之间,施加电压时间为1min,其他所有绕组端子、铁芯、夹件和油箱连在一起接地。 3. 试验方法依据GB/T 1094.3—2017。	试验标准:符合技术协议要求。试验电压不出现突然下降,则试验合格。 评分细则:分值为5分,不符合技术协议得0分;符合技术协议得10分。一次性通过试验的满分,第一次不合格重复试验合格的扣2分,两次扣2分,三次以上为0分	□通过 □不通过 评分:

⭐ 评分细则中的部分试验(如温升、声级等)为非常规出厂试验项目,如在某一次出厂试验过程中实际未开展,则相应项目的分数与同型号产品的相应项目的分数保持一致。

⭐ 负载损耗测量的事例见典型案例5。

⭐ 出厂试验结果的标准值根据技术协议动态调整,并不是恒定的数值,满足供应商投标时的保证值即可。因此,变压器能效水平提升后,采购要求同步变化,供应商投标时的保证值随之变化,本章节的评分原则同样适用。

⭐ 带有局部放电测量的感应电压试验应注意铁芯、夹件局放测试,试验数据缺失1项扣3分。

典型案例5 ××变电站工程#1主变负载损耗抽检试验超标

XX变电站新建工程#1主变在现场空、负载损耗试验检测过程中发现,变压器在额定分接下负载损耗(75 ℃)超标,且与出厂报告值相对误差达15%,也不满足技术协议和国家标准要求。

根据表3-19,#1主变阻抗电压的相对误差满足标准要求,但额定分接下负载损耗(75 ℃)与出厂值的相对误差达+15%,其余分接均小于10%。

表 3-19　#1 主变负载损耗试验结果

试验电流值(A)	有载分接开关挡位	阻抗电压(%)		阻抗电压与出厂值的相对误差	负载损耗(kW)		负载损耗与出厂值的相对误差
		实测值(26℃)	75℃,50 MVA下换算值		实测值(26℃)	75℃,50 MVA下换算值	
165.6	1	17.08	17.08	+0.06%	183.24	203.87	+1.10%
190.4	9	16.52	16.52	+0.00%	187.87	210.05	+14.78%
189.6	9	16.52	16.52	+0.00%	188.23	210.35	+14.95%
184.2	9	16.52	16.53	+0.06%	188.60	210.66	+15.11%
189.1	17	16.35	16.36	+0.06%	222.97	250.94	+5.03%
173.9	17	16.35	16.36	−0.06%	223.07	251.03	+5.07%

导致负载损耗超标的主要原因是供应商对主要原材料之一的电磁线人为采用超标的负公差,引起导线截面积减小电阻增加,导致负载损耗增大。而且厂家在油箱制作过程中采用了未经专家论证和实践验证的新型磁屏蔽结构,且制作过程中工艺控制不到位,没能有效控制漏磁,导致结构杂散损耗增加。

供应商在变压器生产制造环节偷工减料,出厂试验环节弄虚造假,出厂试验结论与现场抽检结果存在较大差异,造成同批次 6 台变压器全部退货,严重影响电网建设生产进度,重新生产的变压器在尺寸、重量上均有所提升。因此,有必要在出厂试验环节增加能代表变压器重点性能的试验抽检力度,由省公司或第三方提供相关检测仪器进行现场核查,严格控制变压器出厂质量。

3.6.2　出厂试验验证技术符合性评分

审核结束后,专家组总结试验验证情况,对试验验证技术符合性进行评分,形成《试验验证技术符合性审核作业表》,见附录18。

专家组应综合标准执行、产品设计、关键原材料及组部件、生产制造能力和出厂试验验证等评估情况进行汇总评分,填写《变压器技术符合性评估结论》(附录19)。经评估专家组与供应商双方签字确认。

第4章 典型评估方案及问题

4.1 典型评估方案

220 kV变压器技术符合性评估工作方案如下：

220 kV变压器技术符合性评估工作方案

变压器技术符合性评估是国网设备部质量管理重点工作，主要是在产品设计、制造阶段评估设备与国网采购规范、技术标准及十八项反措的符合性，从源头提升设备质量。

目前技术符合性评估公告已在国网电子商务平台发布，供应商可访问查询。为确保××变压器评估有序进行，特编制此方案。

一、工作目标

开展××变压器与采购规范、技术标准、十八项反措的技术符合性评估工作，严格按照《220 kV变压器技术符合性评估实施细则》（以下简称"评估细则"）开展评估，计算技术符合性得分。

二、组织机构

（一）评估领导组

负责组织××变压器技术符合性评估工作，审核评估结果，协调解决评估过程中的重大问题。

组　长：××

副组长：××

组　员：××

（二）评估工作组

负责组建专家组，实施××变压器技术符合性评估。负责协调供应商和监造工作人员配合开展技术符合性评估相关工作。

组　长:××

副组长:××

组　员:××　××(监造)

三、　工作安排

（一）组织工作对接会

省公司设备部组织物资部、电科院、省检、供应商召开工作对接会，对技术符合性评估工作进行对接，明确工作内容，针对评估细则中的相关问题进行交流。××变压器计划×月×日开始生产，×月×日开始出厂试验，具体信息如图4.1所示。

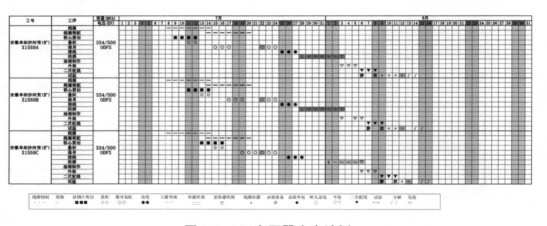

图4.1　XX变压器生产计划

公司设备部会同省电科院组建专家组，由安徽公司变压器首席技术专家领衔，首席技能大师、一线技术人员配合，邀请系统内知名专家参与。

省电科院要发挥专业优势，负责牵头实施220 kV变压器技术符合性评估工作，组织专家培训，及时提交评估结果和报告。

省物资公司要发挥"一口对外"作用，协调供应商和监造部门对技术符合性评估工作提供配合和支持。

各地市公司要落实设备主人职责，深度参与技术符合性评估工作，协调处理现场相关事项。负责跟踪排产计划（包含设联会、原材料下料、总装、试验等关键节点），收集历史监造和运行问题，组织原材料取样与送检工作，协调监造单位完成历史问题整改和设联会响应情况评估，参与评估全过程。

（二）资料收集及初审

1. 向供应商说明资料提供要求，供应商反馈资料准备情况。

2. 供应商提供《供应商产品历史故障自查表》，地市公司收集同厂家同型号产品的历史监造和运行问题，形成《历史问题汇总表》，反馈供应商。供应商组织设计、技术、工艺、质检、材料等相关部门对《历史问题汇总表》和设联会纪要进行充分地讨论和分析，针对每一个问题，形成针对性的书面整改措施，并填写《历史问题整改情况和设联会响应情况反馈表》。监造单位对该表进行初步审核，确保供应商对所有的历史问题都提出整改措施，并且明确每一项整改措施的见证方法。

3. 供应商准备好所需资料（电子版），专家组对资料完整性、规范性进行初核（视频会），将不符合要求的资料反馈供应商，由供应商完成整改。

（三）原材料抽检

1. 供应商提供硅钢片、电磁线、绝缘纸板的用量、型号，在采购原材料时，根据细则的取样要求留足余量。

2. 原材料下料前的硅钢片、电磁线、绝缘纸板余量在监造人员的见证下按照取样要求取样，分别委托第三方有资质单位进行检测，以邮寄方式送样。

3. 取得抽检结果后专家组根据评估细则对原材料抽检环节进行技术符合性评分。

（四）技术符合性评估

1. 组织专家组到供应商现场，对专家组成员进行分工，具体如表4.1所示。

表4.1　评估专家成员分工

序号	技术符合性评估项目名称	牵头专家	配合专家
1	标准执行情况技术符合性评估	××	××
2	产品设计资料审核	××	××
3	同型号产品的试验报告审核	××	××
4	关键原材料及组部件资料审核	××	××
5	关键原材料材质评估	××	××
6	供应商产品质量管控水平评估	××	××
7	产品历史问题与设联会响应情况评估	××	××

序号	技术符合性评估项目名称	牵头专家	配合专家
8	结构一致性核查	××	××
9	重点性能参数出厂试验	××	××

2.专家组审核按照分工对标准执行情况、产品设计、同型号产品的试验报告、关键原材料及组部件的相关资料进行审核,并评估供应商产品质量管控水平和出厂试验情况。专家组根据评估细则对各环节进行技术符合性评分,并形成评估报告。

四、 工作要求

(一)加强组织领导

严格落实按评估细则和方案要求,切实抓好工作组织协调,强化各环节过程管控,确保工作有序开展。各相关单位妥善安排好专家工作,为专家参与评估工作提供保障,评估专家应遵守工作纪律,严谨负责,严格按要求开展评估。

(二)做好疫情防控

参与评估人员要严格遵守公司疫情防控有关工作要求,确保身体健康,无异常情况,防疫健康码为绿码。在工作中应做好自身防护,按要求佩戴口罩,实施分餐,确保安全工作。

(三)确保客观公正

严格按照技术符合性评估细则对供应商设备进行评估,形成评估过程资料,确保评估结果客观公正。

4.2 典型问题

两次评估工作暴露出的典型问题有供应商设计验证不充分、非电量保护装置设置无计算依据、未深入开展故障自查、型式试验产品或突发短路产品不能较好代表申报产品、关键原材料及组部件进厂检验能力不足、车间降尘量超标、忽视低压侧局放和铁芯夹件局放监测等。

1.设计验证不充分

主要表现为设计资料内容缺项,包括:

（1）电场分析报告中缺少电场屏蔽措施的内容。

（2）电场分析报告绝缘强度计算结果缺少低压首端短时工频、中压首端引线（出线装置）、高压首端操作冲击电压、中压首端操作冲击电压。

（3）过励磁能力报告不完善，未按要求针对性分析产品的过励磁能力，提供裕度分析及针对性措施。

（4）运行寿命分析报告中分接开关的运行寿命分析仅包含简单的质量承诺，未进行完整的寿命分析。

（5）抗震计算报告中，对变压器焊缝的长度和数量没有进行具体说明。

（6）噪声计算报告中对变压器噪声的控制仅停留在定性分析层面，依据个人经验采取相关降噪措施，无定量分析。

以上问题暴露出供应商设计验证不充分，对某一台产品进行设计调整后，更多地依赖经验，选择性地校核某些方面，未全面地运用仿真、计算等手段对设计进行校核。

2. 非电量保护装置设置无计算依据

（1）压力释放阀选型报告中无压力释放阀布置位置的选取依据。

（2）气体继电器选型报告中无流速整定值的选取依据，在标准规定的范围内依据经验确定，未考虑变压器结构、油枕高度压力影响。

以上问题暴露出供应商设计能力不足，在非电量保护定值设置和位置分布方面无系统的计算方法，依赖经验和惯例确定相关参数，未针对某一台产品的结构特征进行针对性的选型和分析。

3. 未深入开展故障自查

（1）未对同类变压器深入开展故障自查。

（2）未对关键组部件如套管、压力释放阀、气体继电器、分接开关深入开展故障自查。

以上问题暴露出供应商未正确对待历史问题排查工作、得过且过、敷衍了事，未深入开展问题自查并将整改措施落实在产品上。另外，部分供应商存在思想包袱，认为历史问题提供多会反映出供应商制造水平不足，因此不敢提交历史问题。细则中并未设置针对问题数量的扣分条款，而是对排查不深入、整改不到位进行扣分。建议相关组织联络人加强与供应商沟通，打消供应商顾虑。

4. 型式试验产品或突发短路产品不能较好代表申报产品

型式试验产品、突发短路试验产品部分关键原材料及组部件选用情况和申报产品的差异较大,不能完全代表申报产品的性能。

以上问题暴露出供应商为通过型式试验或突发短路试验,用于试验的关键原材料和组部件一般会优于普通产品,导致通过相关试验的产品不能完全代表申报产品。

5. 关键原材料及组部件进厂检验能力不足

(1)绝缘纸板进厂检验项目缺少水分、拉伸强度、伸长率、金属异物检测项目。

(2)气体继电器的进厂检测项目缺少耐压试验、密封试验、容积试验、流速试验等。

(3)压力释放阀的进厂检测项目缺少耐压试验、密封试验、开启压力试验、关闭压力试验。

以上问题暴露出供应商对关键原材料及组部件进厂检验缺少对相关参数的试验验证,大多停留在外观尺寸的检查,易导致相关问题在设备交接时才反映出来,贻误了处理时机。

6. 车间降尘量超标

(1)抽查总装配车间环境降尘量记录,有一个月测试记录为 26.2 mg/m²·d,不满足降尘量≤20 mg/m²·d 要求。

(2)抽查总装配车间环境降尘量记录,有一个月测试记录为 26.9 mg/m²·d,不满足降尘量≤20 mg/m²·d 要求。

以上问题暴露出供应商的车间环境管理较为粗放,未引入自动化的管理手段,依赖人工周期性的监测,发现问题后再调整空调、净化系统往往会有较大的滞后,不能实时保证合格的车间环境。

7. 忽视了低压侧局放和铁芯、夹件局放的监测

在重点性能参数出厂试验评估过程中,供应商在带有局部放电测量的感应电压试验中,忽视了低压侧局放和铁芯、夹件局放的测量,经专家组提醒后,临时增加监测。

以上问题暴露出供应商的质量意识不够,往往等发现局放问题后才进行低压侧局放和铁芯夹件局放的测量,导致局放试验时采集信息不全,影响对设备整体绝缘情况的判断。

附录1 变压器技术符合性评估申请表

附表1 变压器技术符合性评估申请表

<table>
<tr><td colspan="4" align="right">申请时间：</td></tr>
<tr><td>单位名称
（盖章）</td><td>公司全称</td><td>法人代表</td><td></td></tr>
<tr><td>单位地址</td><td></td><td>邮政编码</td><td></td></tr>
<tr><td>联系人</td><td></td><td>联系电话</td><td></td></tr>
<tr><td>设备型号</td><td></td><td>设备名称</td><td></td></tr>
<tr><td>申请类型</td><td colspan="3">初次申请□　变更申请□　后续产品出厂试验申请□</td></tr>
<tr><td>技术符合性
评估申请号</td><td colspan="3">设备类型缩写−供应商编码−设备维度编码−申请日期−版本号
举例：TR−1000009842−0302150303010304−20210112−−01</td></tr>
<tr><td rowspan="11">申报类型
简介</td><td colspan="3">说明：申报类型主要参考电压等级、相数、容量、绕组方式、冷却方式、调压方式、电压等级比等分类维度。</td></tr>
<tr><td colspan="3">

序号	要求（请将对应设备维度内容进行勾选☑）
1	220 kV□
2	三相□
3	240 MVA□　　180 MVA□ 150 MVA□　　120 MVA☑ 其他：_____□
4	自耦□　双绕组□　三绕组□
5	单主柱□　双主柱□　三主柱□
6	自然冷却/油浸自冷（ONAN）☑ 强迫油循环风冷（OFAF）□ 强迫油循环导向风冷（ODAF）□ 自然油循环风冷（ONAF）□ 强迫油循环导向水冷（ODWF）□ 强迫油循环风冷（OFAF）□ 其他：_____□
7	无励磁调压□　有载调压□
8	500/220/35□　220/110/35□　220/110/10□　其他：_____□
9	符合GB 20052−2020能效等级要求：NX1□　NX2□　NX3□　其他：_____□

</td></tr>
</table>

注意:技术符合性评估申请号命名规范包含5个部分:

设备类型缩写	供应商编码	设备维度编码	申请日期	版本号
1	2	3	4	5

填写要求:

1. 设备类型缩写:如变压器TR;

2. 供应商编码:已完成国家电网有限公司供应商登记的供应商组织编码,如1000009842;

3. 设备维度编码:按照设备分类维度进行编码,具体参考附表2,如0302150303010304;

4. 申请日期:填写年(4位数字)+月(2位数字)+日(2位数字);

5. 版本号:按2位数字进行编码,由01开始,每发生一次变更加1。

附表2　变压器设备维度表

序号	维度	编号	具体要求
1	电压等级	01	500 kV
		02	1000 kV
		03	750 kV
		04	330 kV
		05	220 kV
2	相数	01	单相
		02	三相
3	容量	01	1500 MVA
		02	1000 MVA
		03	700 MVA
		04	500 MVA
		05	400 MVA
		06	382 MVA
		07	360 MVA
		08	334 MVA
		09	300 MVA
		10	250 MVA
		11	240 MVA
		12	180 MVA
		13	167 MVA
		14	150 MVA
		15	120 MVA
		16	90 MVA
		17	75 MVA
4	绕组型式	01	自耦

序号	维度	编号	具体要求
		02	双绕组
		03	三绕组
5	主柱数量	01	单相:单主柱
		02	单相:双主柱
		03	单相:三主柱
		04	三相:其他
6	冷却方式	01	自然冷却/油浸自冷(ONAN)
		02	强迫油循环风冷(OFAF)
		03	强迫油循环导向风冷(ODAF)
		04	自然油循环风冷(ONAF)
		05	强迫油循环导向水冷(ODWF)
		06	强迫油循环风冷(OFAF)
7	调压方式	01	无励磁主柱调压(单相)
		02	无励磁旁柱调压(单相)
		03	有载主柱调压(单相)
		04	有载旁柱调压(单相)
		05	无励磁调压(单相)
		06	有载调压(单相)
		07	无励磁调压(三相)
		08	有载调压(三相)
8	电压比	01	500/220/35
		02	500/220/66
		03	500/20
		04	$(1050/\sqrt{3})/(520/\sqrt{3}\pm10\times0.5\%)/110$
		05	$(1050/\sqrt{3})/(525/\sqrt{3}\pm4\times1.25\%)/110$
		06	$765/\sqrt{3}/(230/\sqrt{3})/63$
		07	$765/\sqrt{3}/530/\sqrt{3}/63$
		08	$765/\sqrt{3}/230/\sqrt{3}/63$
		09	$(345\pm8\times1.25\%)/121/35$
		10	220/110/35
		11	220/110/20
		12	220/110/10
		13	220/66/10
		14	220/35/10
		15	220/66
		16	220/35

附录1 变压器技术符合性评估申请表

序号	维度	编号	具体要求
		17	220/20
		18	220/10
		19	220/6
9	能效等级	01	NX1（符合 GB 20052—2020 中 1 级能效等级要求）
		02	NX2（符合 GB 20052—2020 中 2 级能效等级要求）
		03	NX3（符合 GB 20052—2020 中 3 级能效等级要求）
		04	其他

电力变压器技术符合性评估实务

附录2 参加国家电网有限公司设备技术符合性评估承诺书

参加国家电网有限公司设备技术符合性评估承诺书

国家电网有限公司：

_____××公司_____自愿参加国网公司开展的设备技术符合性评估工作（以下简称"评估工作"），积极配合提交资料，主动提升电网设备的制造质量和安全运行的可靠性，郑重作出如下承诺：

一、我公司将积极配合国网公司开展设备技术符合性评估工作，保障填报的信息及上传的资料真实、有效、及时。

二、评估过程中，对于合理的资料需求，我司将积极配合提供图纸、质量证明文件、检验报告及其他原始凭证文件资料等审查资料，并为国网公司现场取证提供便利（如照相、收集文件资料等）。

三、我公司将遵守国网公司对设备技术符合性评估要求，生产过程及后期运行中，不提供虚假资料。

四、如需要对我司主要外购材料、部件的供应商进行现场审查时，我司将负责协调，积极配合国网公司对相关供应商进行现场审查。

五、我公司遵守国网公司廉洁自律要求，在业务交往过程中，按照有关法律法规和程序开展工作，严格执行国家的有关方针、政策，并遵守以下规定：

1. 自觉遵守国家有关法律法规，诚信守法经营。

2. 不以任何名义向评估工作人员赠送礼金、有价证券、贵重物品等财物；

3. 不向评估工作人员支付或报销任何费用。

4. 不向评估工作人员提供宴请及娱乐活动。

5. 对评估工作人员提出的与工作无关的非正当要求，应予以拒绝，并如实向督查人员或国家电网有限公司设备部反映。

6. 如有违反上述承诺行为，将承担相应责任或后果。

承诺人：____供应商名称并盖章____（盖章）

年 月 日

附表3　审查资料清单

供应商名称		申报型号编号	
序号	文件名称		上传时间节点
1	变压器技术符合性评估申请表		中标后7日内
2	参加变压器技术符合性评估审查承诺书		中标后7日内
3	审查资料清单		设计联络会后30日内
4	供应商投标文件		设计联络会后30日内
5	采购技术协议		设计联络会后30日内
6	基本电气参数表		设计联络会后30日内
7	供应商产品历史故障自查表		设计联络会后30日内
8	电场分析报告		设计联络会后30日内
9	磁场分析报告		设计联络会后30日内
10	温度场分析报告		设计联络会后30日内
11	抗短路能力第三方校核报告		设计联络会后30日内
12	波过程计算报告		设计联络会后30日内
13	过励磁能力计算报告		设计联络会后30日内
14	运行寿命分析报告		设计联络会后30日内
15	抗震计算报告		设计联络会后30日内
16	油箱机械强度计算报告		设计联络会后30日内
17	直流偏磁耐受能力计算报告		设计联络会后30日内
18	过负荷能力计算报告		设计联络会后30日内
19	噪声计算报告		设计联络会后30日内
20	关键工艺说明		设计联络会后30日内
21	分接开关选型报告		设计联络会后30日内
22	套管选型报告		设计联络会后30日内
23	压力释放阀选型报告		设计联络会后30日内
24	气体继电器选型报告		设计联络会后30日内
25	外形图		设计联络会后30日内
26	关键原材料及组部件供应商审查备案表		设计联络会后30日内
27	套管型式试验报告		设计联络会后30日内

序号	文件名称	上传时间节点
28	套管图纸	设计联络会后30日内
29	套管尺寸表	设计联络会后30日内
30	分接开关型式试验报告	设计联络会后30日内
31	气体继电器型式试验报告	设计联络会后30日内
32	压力释放阀型式试验报告	设计联络会后30日内
33	绝缘纸板、绝缘件型式试验报告	设计联络会后30日内
34	关键原材料及组部件进厂检验方法	设计联络会后30日内
35	变压器型式试验报告	设计联络会后30日内
36	型式试验产品与申报产品关键原材料及组部件供应商审查备案表	设计联络会后30日内
37	变压器型式试验产品与申报产品一致性对比表	设计联络会后30日内
38	变压器短路承受能力试验报告	设计联络会后30日内
39	短路承受能力试验产品与申报产品关键原材料及组部件供应商审查备案表	设计联络会后30日内
40	变压器短路承受能力试验产品与申报产品一致性对比表	设计联络会后30日内
41	申报产品出厂试验方案	设计联络会后30日内
42	变压器原材料参数设计值	设计联络会后30日内
43	本体和关键组部件说明书	设计联络会后30日内
厂家承诺	表中提供的资料用于申报型号编号为×××的设备×××审查,×××供应商承诺,所提交的资料真实,与申报型号具备一致性。 厂家签章: 日期:	

附录4 基本电气参数表

附表4 技术参数特性表

序号	名称	项 目		标准参数值	
1	额定值	变压器型式或型号			
		a. 额定电压（kV）	高压绕组		
			中压绕组		
			低压绕组		
		b. 额定频率(Hz)			
		c. 额定容量（MVA）	高压绕组		
			中压绕组		
			低压绕组		
		d. 相数			
		e. 调压方式			
		f. 调压位置			
		g. 调压范围			
		h. 主分接的短路阻抗和允许偏差（全容量下）		短路阻抗（%）	允许偏差（%）
		高压—中压			
		高压—低压			
		中压—低压			
		i. 冷却方式			
		j. 联结组标号			
2	绝缘水平	a. 雷电全波冲击电压（kV,峰值）	高压线端		
			中压线端		
			低压线端		
			高压中性点端子		
			中压中性点端子		
		b. 雷电截波冲击电压（kV,峰值）	高压线端		
			中压线端		
			低压线端		

序号	名称	项 目		标准参数值	
		c. 操作冲击电压(kV,峰值)	高压线端(对地)		
		d. 短时工频耐受电压(kV,方均根值)	高压线端		
			中压线端		
			低压线端		
			高压中性点端子		
			中压中性点端子		
3	温升限值(K)	顶层油			
		绕组(平均)			
		绕组(热点)			
		油箱、铁芯及金属结构件表面			
4	极限分接下短路阻抗和允许偏差(全容量下)	a. 最大分接		短路阻抗(%)	允许偏差(%)
		高压—中压			
		高压—低压			
		中压—低压			
		b. 最小分接		短路阻抗(%)	允许偏差(%)
		高压—中压			
		高压—低压			
		中压—低压			
5	绕组电阻(Ω,75℃)	a. 高压绕组	主分接		
			最大分接		
			最小分接		
		b. 中压绕组			
		c. 低压绕组			
6	电流密度(A/mm²)	a. 高压绕组			
		b. 中压绕组			
		c. 低压绕组			
		d. 调压绕组			
7	匝间最大工作场强(kV/mm)	设计值			
8	铁芯参数	铁芯柱磁通密度(额定电压、额定频率时,T)			
		硅钢片比损耗(W/kg)			

附录4 基本电气参数表

序号	名称	项目			标准参数值
		铁芯计算总质量(t)			
9	空载损耗 （kW）	额定频率额定电压时空载损耗			
		额定频率1.1倍额定电压时空载损耗			
10	空载电流 （%）	a.100%额定电压时			
		b.110%额定电压时			
11	负载损耗 （kW,75℃）	高压—中压	主分接		
			其中杂散损耗		
			最大分接		
			其中杂散损耗		
			最小分接		
			其中杂散损耗		
		高压—低压	主分接		
			其中杂散损耗		
			最大分接		
			其中杂散损耗		
			最小分接		
			其中杂散损耗		
		中压—低压	损耗		
			其中杂散损耗		
12	噪声水平 [dB(A)]（声压级）	100%负荷状态下合成噪声			
13	可承受的2s出口对称 短路电流值(kA,忽略 系统阻抗）	高压绕组			
		中压绕组			
		低压绕组			
		短路2s后绕组平均温度计算值 （℃）			
14	在$1.58 \times U_r / \sqrt{3}$ kV 下局部放电水平(pC)	高压绕组			
		中压绕组			
		低压绕组			
15	绕组连同套管的 $\tan\delta$（%）	高压绕组			
		中压绕组			
		低压绕组			

序号	名称	项目		标准参数值
16	无线电干扰水平	在$1.1 \times U_{\mathrm{m}}/\sqrt{3}$ kV下无线电干扰水平(μV)		
17	质量和尺寸	a. 安装尺寸（长×宽×高，m×m×m）		
		b. 运输尺寸（长×宽×高，m×m×m）		
		c. 重心高度(m)		
		d. 安装质量(t)	器身质量	
			上节油箱质量	
			油质量（含备用）	
			总质量	
		e. 运输质量(t)		
		f. 变压器运输时允许的最大倾斜度(°)		
18	散热器	每组冷却容量(kW)		
		型式		
		数量		
		每组质量(t)		
19	套管	型号规格	a. 高压套管	
			b. 中压套管	
			c. 低压套管	
			d. 中性点套管	
		额定电流(A)	a. 高压套管	
			b. 中压套管	
			c. 低压套管	
			d. 中性点套管	
		绝缘水平(LI/AC,kV)	a. 高压套管	
			b. 中压套管	
			c. 低压套管	
			d. 高压中性点套管	

附录 4 基本电气参数表

序号	名称	项 目		标准参数值		
		e. 中压中性点套管				
		66 kV 及以上套管在 $1.58 \times U_r / \sqrt{3}$ kV 下局部放电水平(pC)	a. 高压套管			
			b. 中压套管			
			c. 高压中性点套管			
			d. 中压中性点套管			
		电容式套管 $\tan\delta$(%)及电容量(pF)		$\tan\delta$	电容量	
		a. 高压套管				
		b. 中压套管				
		c. 高压中性点套管				
		d. 中压中性点套管				
		套管的弯曲耐受负荷(kN)		水平	横向	垂直
		a. 高压套管				
		b. 中压套管				
		c. 低压套管				
		d. 高压中性点套管				
		e. 中压中性点套管				
		套管的爬距(等于标准爬距乘以直径系数 Kd, mm)	a. 高压套管			
			b. 中压套管			
			c. 低压套管			
			d. 中性点套管			
		套管的干弧距离(应乘以海拔修正系数 KH, mm)	a. 高压套管			
			b. 中压套管			
			c. 低压套管			
			d. 高压中性点套管			
			e. 中压中性点套管			
		套管的爬距/干弧距离				

电力变压器技术符合性评估实务

序号	名称	项	目	标准参数值		
		套管平均直径（mm）	a. 高压套管			
			b. 中压套管			
			c. 低压套管			
			d. 高压中性点套管			
			e. 中压中性点套管			
20	套管式电流互感器	装设在高压侧	绕组数			
			电流比			
			二次容量(VA)			
			F_s或ALF			
		装设在中压侧	绕组数			
			准确级			
			电流比			
			二次容量(VA)			
			F_s或ALF			
		装设在高压中性点侧	绕组数			
			准确级			
			电流比			
			二次容量(VA)			
			F_s或ALF			
		装设在中压中性点侧	绕组数			
			准确级			
			电流比			
			二次容量(VA)			
			F_s或ALF			
21	分接开关	型号				
		额定电流(A)				
		级电压(kV)				
		有载分接开关电气寿命(次)				
		绝缘水平(LI/AC,kV)				
		有载分接开关的驱动电机	功率(kW)			
			电压(V)			

附录4 基本电气参数表

序号	名称	项 目	标准参数值	
		功率(kW)		
22	压力释放装置	型号		
		台数		
		释放压力(MPa)		
23	工频电压升高倍数和持续时间	工频电压升高倍数(相—地)	空载持续时间	满载持续时间
		1.05		
		1.1		
		1.25		
		1.9		
		2.0		
		工频电压升高倍数(相—相)	空载持续时间	满载持续时间
		1.05		
		1.1		
		1.25		
		1.5		
		1.58		
24	变压器油	提供的新油(包括所需的备用油)	过滤后应达到油的击穿电压(kV)	
			$\tan\delta$(90℃,%)	
			含水量(mg/L)	

附录5 供应商产品历史故障自查表

附表5　供应商产品历史故障自查表

供应商					
型号			备注		
序号	故障部位	故障简况	原因分析		改进措施

　　本表为供应商收集的申报产品同型号设备在厂内、调试及运行的历史故障(异常)情况,应包含变压器关键部位如套管、分接开关、压力释放阀、气体继电器、原材料及组部件引发的故障信息,详细的故障情况、原因分析,改进措施等内容须另附报告。

附录6 产品设计资料填写要求《供应商产品历史故障自查表》

1. 按附录模板完整填写《基本电气参数表》《供应商产品历史故障自查表》。

2. 电场分析报告

通过软件仿真分析变压器的电场分布情况,应考虑产品在试验、现场工况可能出现的最严苛的电场分布情况,针对关注的区域,选取合适的工况针对性分析。分析报告应明确说明被分析的工况与关注的电场区域的关系,确保分析出最严苛的电场分布。

变压器内部电场分析应包括绕组端部电场分析、高压出线及套管均压球部分的电场分析、绕组间主绝缘电场分析以及柱间连线(若为多柱结构)电场分析,要求给出对应的场强分布图、电场屏蔽措施、关注区域最大场强和包括油隙在内的对应的场强设计裕度值。对于短时工频耐受计算条件施加电压应考虑折算到1min工频对应电压。

提供套管间和套管对地外空气间隙的实际值,并与标准中对应的要求值核对。

报告模板见附录20。

3. 磁场分析报告

通过软件仿真分析变压器的磁场分布情况,磁场分析报告重点分析漏磁在绕组中、磁屏蔽、磁分路(如有)、外部金属结构件中的分布情况,要求给出对应的漏磁分布图,并针对性的分析漏磁引起的结构件局部过热问题,提出解决措施。

报告模板见附录21。

4. 温度场分析报告

通过软件仿真分析变压器的温度场分布情况,温度场分析报告应根据发热、冷却、负荷要求、冷却方式等要求,分析绕组温度分布(需提供绕组内油道的设置)、绕组平均温升、油顶层温升、热点温升及位置,提供温度分布图、裕度分析和针对性的措施。

如有光纤预埋要求,应提供光纤预埋位置选择的依据,光纤预埋方案,试验记录及试验结果,试验与设计的偏差对比分析。

报告模板见附录22。

5. 抗短路能力第三方校核报告

抗短路能力校核报告计算结果以国网认可的第三方出具为准。

6. 波过程计算报告

通过软件仿真对变压器的雷电波过程进行分析,提供线端全波、中性点全波、线端截波等波过程分析。要求能给出关键绕组节点的电压,绕组内电位梯度分布及裕度,并说明降低电位梯度所采取的措施。

报告模板见附录23。

7. 过励磁能力报告

根据技术规范书中对系统可能出现的过励磁工况要求,针对性分析产品的过励磁能力,提供裕度分析及针对性措施。

8. 运行寿命分析

以表格形式列出本体和关键组部件的寿命,并与国网要求进行对比。

应提供本体和组部件的寿命分析。组部件包括密封件、分接开关、套管、胶囊、冷却装置、蝶阀、油泵、风机、油漆。

9. 抗震计算报告

通过软件仿真分析变压器的抗震能力,提供产品的抗震分析报告,说明增加抗震能力的措施。

10. 油箱机械强度计算报告

通过软件仿真分析变压器的油箱机械强度,针对试验及运输的要求,核算油箱机械强度,提供裕度分析、防爆分析及针对性措施,要有储油柜高度、出线位置、压力释放值、压力释放阀安装位置等因素分析。

11. 直流偏磁耐受能力报告

仿真计算直流偏磁下,变压器空载工况以及额定负载工况下直流偏磁耐受值。仿真计算结果包括以下几部分的内容:

(1)变压器直流偏磁下的励磁电流波形计算;

(2)不同直流偏磁条件下变压器内部漏磁场与损耗分布;

(3)变压器直流偏磁下的绕组热点温度与金属结构件温升。

根据变压器空载及额定负载工况下的直流偏磁试验(如有),给出试验测量结果,包括以下几部分的内容(如有):

(1)给出励磁电流测量值与损耗测量值;

(2)给出励磁电流谐波分布;

(3)给出噪声声级测量值、油箱振动加速度及峰-峰值、偏磁条件下的损耗测量结果;

(4)给出试验前后的油样测试结果;

(5)给出顶层油、绕组热点及金属结构件(如有)的温升测量值。

12. 过负荷能力计算报告

根据技术规范书要求及相关国家标准要求,分析产品长时和短时过负荷能力,按标准要求提供温度上升曲线,特别是热点温度上升曲线,以备运行可能出现的过负荷工况决策参考。

13. 噪声计算报告

根据技术规范书要求及相关国家标准要求,提供噪声计算报告及采取的降噪措施。

14. 关键工艺说明

提供盖章版的产品主要工艺流程图及简要说明,内容至少应包含关键工艺的识别、概要说明、依据的工艺文件编号和条款。

提供现行有效的工艺手册总目录。

提供工艺执行过程实例证明(如硅钢片叠装系数、硅钢片裁剪后的毛刺高度)。

15. 分接开关选型报告

选型报告应详细说明主要参数选取,绝缘的配合,过负荷能力、开关满负荷的分合寿命、独立油室的压力耐受水平、开关电动机构箱等级以及在极寒天气下配置的防冻措施(如有极端天气的情况下)等(参考分接开关供应商的选型报告)。分接开关如选用气体继电器,应说明气体继电器干簧管尾部的绝缘是否为全绝缘结构(全绝缘指干簧管尾部管脚引出至接线部位均有绝缘包扎,未裸露在外)。

16. 套管选型报告

选型报告应详细说明主要参数选取,绝缘的配合,过负荷能力、套管结构、套管保持微正压运行的措施、套管接线端子材质等。

17. 压力释放阀选型报告

选型报告详细说明口径、释放压力、布置位置和数量的选取依据。应包括压力释放阀动作性能、密封性能、排量性能、在规定振动频率下开关接点可靠性情况、信号开关接点容量、信号开关绝缘性能、密封圈耐油及耐老化性能、外观要求、外壳防护性能、防潮、防盐雾和防霉菌的要求、抗振动能力等内容。

18. 气体继电器选型报告

气体继电器选型报告应写明气体继电器的制造厂、型号规格、结构、设计尺寸、选型依据,其中选型依据应详细说明气体继电器整定流速对气体继电器管径、油枕的高度等影响因素的考虑。应包含气体信号节点动作时,气体容积的大小。

19. 外形图

整体外形图(工程制图标准)。

附录7 关键原材料及组部件供应商审查备案表

附表6 关键原材料及组部件供应商审查备案表

申报供应商						
申报型号编号			申报产品所用型号名称及供应商		型号名称及供应商备案	
序号	关键原材料、组部件	型号/规格	供应商	型号/规格	供应商	是否为外购件
1	绕组线					
2	硅钢片					
3	变压器油					
4	绝缘成型件					
5	绝缘纸板					
6	电工层压木					
7	密封件					
8	高压套管					
9	中压套管					
10	低压套管					
11	中性点套管					
12	储油柜					
13	储油柜胶囊					
14	油位计					
15	免维护吸湿器					
16	气体继电器					
17	有载分接开关及操动机构					
18	无励磁分接开关					
19	压力释放装置					
20	油面温控器					
21	绕组温控器					
22	散热器(冷却器)					

序号	关键原材料、组部件	型号/规格	供应商	型号/规格	供应商	是否为外购件
23	风扇					
24	蝶阀					
25	球阀					
26	油泵					
27	压力突发继电器					
	其他部分	型号/规格	供应商	型号/规格	供应商	是否为外购件
28	油箱					
29	夹件					
30	……					
31	……					
供应商意见	×××供应商承诺所供×××型号设备的关键原材料及组部件供应商与备案供应商一致。 供应商签章： 日期：					

附录8 套管尺寸表

为了规范变压器套管的尺寸规格，提高互换性，变压器套管的尺寸规范如附表7所示，请供应商提供相应的套管尺寸及相关信息(附图1)，对应填入附表7中的灰色区域，并正式盖章确认。

(1) 220 kV高压侧套管

附表7 220 kV 变压器高压套管(导杆式)主要尺寸

额定电压 kV	额定电流 A	安装法兰				油中接线端子						均压球接口					油中尺寸				
		孔中心距 a1 (mm)	外径 d (mm)	孔数孔径 n1×d1 (mm)	密封面直径 R (mm)	孔数孔径 n2×d2 (mm)	孔距 b2 (mm)	孔高 h2 (mm)	板面 h1×b1 (mm)	板厚 (mm)	结构型式	插入深度 L4 (mm)	上口内径 d4 (mm)	连接方式 安装卡柱尺寸	安装孔尺寸及孔数	中心距	总长 L1 (mm)	油中最大直径最小 d3 (mm)	接地长度最小 (mm)	油中绝缘长度(推荐值L3)(mm)	套管CT内径最小 (mm)

电力变压器技术符合性评估实务

(2) 220 kV 中性点套管

附表 8　220 kV 变压器中性点套管（导杆式）主要尺寸

额定参数		安装法兰				油中接线端子						油中尺寸				
电压 (kV)	电流 (A)	孔中心距 a1 (mm)	外径 d (mm)	孔数×孔径 n1×d1 (mm)	密封面直径 R (mm)	孔数×孔径 n2×d2 (mm)	孔距 b2 (mm)	孔高 h2 (mm)	板面 h1×b1 (mm)	板厚 (mm)	结构型式	总长 L1 (mm)	油中最大直径 d3 (mm)	接地长度最小 L2 (mm)	油中绝缘长度（推荐值）L3 (mm)	套管CT内径最大 (mm)

(3) 220 kV 中压侧套管

附表 9　220 kV 变压器中压套管（导杆式）主要尺寸

额定参数		安装法兰				油中接线端子						油中尺寸				
电压 (kV)	电流 (A)	孔中心距 a1 (mm)	外径 d (mm)	孔数×孔径 n1×d1 (mm)	密封面直径 R (mm)	孔数×孔径 n2×d2 (mm)	孔距 b2 (mm)	孔高 h2 (mm)	板面 h1×b1 (mm)	板厚 (mm)	结构型式	总长 L1 (mm)	油中最大直径 d3 (mm)	接地长度最小 L2 (mm)	油中绝缘长度（推荐值）L3 (mm)	套管CT内径最小 (mm)

（4）220 kV 低压侧套管

附表 10　220 kV 变压器低压侧套管（导杆式）主要尺寸

额定参数		安装法兰				油中接线端子						油中尺寸				
电压 (kV)	电流 (A)	孔中心距 a1 (mm)	外径 d (mm)	孔数×孔径 n1×d1 (mm)	密封面直径 R (mm)	孔数×孔径 n2×d2 (mm)	孔距 b2 (mm)	孔高 h2 (mm)	板面 h1×b1 (mm)	板厚 (mm)	结构型式	总长 L1 (mm)	油中最大直径 d3 (mm)	接地长度最小 L2 (mm)	油中绝缘长度（推荐值）L3 (mm)	套管CT内径最小 (mm)

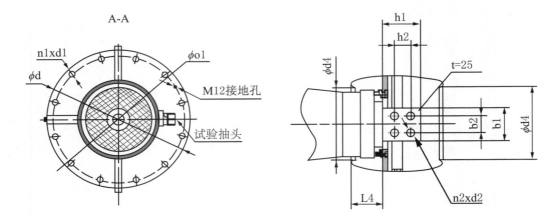

附图1 220 kV 变压器套管(导杆式)主要尺寸

附录9 型式试验产品与申报产品关键原材料及组部件供应商审查备案表

附表11 型式试验产品与申报产品关键原材料及组部件供应商审查备案表

申报供应商					
申报型号编号		申报型号名称			
序号	关键原材料、组部件	型式试验产品		申报产品	
		型号/规格	供应商清单	型号/规格	供应商清单
1	绕组线				
2	硅钢片				
3	变压器油				
4	绝缘成型件				
5	绝缘纸板				
6	电工层压木				
7	密封件				
8	高压套管				
9	中压套管				
10	低压套管				
11	中性点套管				
12	储油柜				
13	储油柜胶囊				
14	油位计				
15	免维护吸湿器				
16	气体继电器				
17	有载分接开关及操动机构				
18	无励磁分接开关				
19	压力释放装置				
20	油面温控器				
21	绕组温控器				

序号	关键原材料、组部件	型式试验产品		申报产品	
		型号/规格	供应商清单	型号/规格	供应商清单
22	散热器(冷却器)				
23	风扇				
24	蝶阀				
25	球阀				
26	油泵				
27	压力突发继电器				
供应商意见	×××供应商承诺所供型式试验的×××型号设备与申报×××型号设备的关键原材料及组部件的供应商为上表所述。 供应商签章： 日期：				

附表12　型式试验产品与申报产品一致性对比表

型式试验产品基本信息

型号：		客户：	
制造时间：		制造单位：	
试验时间：		试验单位：	
型式试验报告编号：			

型式试验产品		申报品类	
项目	协议要求	项目	协议要求
主要参考标准：		主要参考标准：	
GB 1094.1- 5		GB 1094.1- 5	
GB/T 1095.10, GB/T 15164, GB/T 13499		GB/T 1095.10, GB/T 15164, GB/T 13499	
...		...	
客户类型：		客户类型：	
变压器容量：　(MVA)		变压器容量：　(MVA)	
1　电压等级：　(kV)		1　电压等级：　(kV)	
2　电压比：		2　电压比：	
3　联结组别：		3　联结组别：	
4　绕组型式：		4　绕组形式：	
5　相数：		5　相数：	
6　冷却方式：		6　冷却方式：	
7　调压方式：		7　调压方式：	
8　线圈型式：	铁芯 -->	线圈型式：	铁芯 -->
	--> -->		--> -->
	--> -->		--> -->
	--> --> 油箱		--> --> 油箱
9　线圈出线型式：	铁芯 --> -->	线圈出线型式：	铁芯 --> -->
	--> -->		--> -->
	--> -->		--> -->
	--> --> 油箱		--> --> 油箱
10　线圈排列：	铁芯 --> -->	10　线圈排列：	铁芯 --> -->
	--> -->		--> -->
	--> -->		--> -->
	--> --> 油箱		--> --> 油箱
11　铁芯型式：		11　铁芯型式：	

其他型式线圈说明：

| 其他1： | 其他2： |
| 其他3： | 其他4： |

自评结论：通过对上述主要参数的比较，型式试验报告与申报品类具有一致性。

　　　　填写人签名：　　　　　　　　　　单位盖章：

附录11 短路承受能力试验产品与申报产品关键原材料及组部件供应商审查备案表

附表13 短路承受能力试验产品与申报产品关键原材料及组部件供应商审查备案表

申报供应商					
申报型号编号		申报型号名称			
序号	关键原材料、组部件	短路承受能力试验产品		申报产品	
		型号/规格	供应商清单	型号/规格	供应商清单
1	绕组线				
2	硅钢片				
3	变压器油				
4	绝缘纸板				
5	密封件				
6	高压套管				
7	中压套管				
8	低压套管				
9	中性点套管				
10	储油柜				
11	储油柜胶囊				
12	油位计				
13	免维护吸湿器				
14	气体继电器				
15	有载分接开关及操动机构				
16	无励磁分接开关				
17	压力释放装置				
18	油面温控器				
19	绕组温控器				
20	散热器(冷却器)				
21	风扇				

电力变压器技术符合性评估实务

序号	关键原材料、组部件	短路承受能力试验产品		申报产品	
		型号/规格	供应商清单	型号/规格	供应商清单
22	蝶阀				
23	球阀				
24	油泵				
25	压力突发继电器				
26	各类绝缘纸				
27	×××供应商承诺所供短路承受能力试验的×××型号设备与申报×××型号设备的关键原材料及组部件的供应商为上表所述。 供应商签章： 日期：				
28					
29					
供应商意见					

附录12 产品设计技术符合性审核作业表

附表14 产品设计技术符合性审核作业表

1. 基本信息

申报供应商			
申报型号编号		申报型号名称	
工作任务	产品设计技术符合性审核		
开始时间		结束时间	
工作地点			
审查组长		审查组员	

2. 作业前准备

序号	准备项	准备次项	准备项内容	工作负责人确认
	作业前准备	资料	(1)厂家准备好标准设计图纸审查阶段的资料； (2)审查组准备好审查过程记录表格；	确认（　）

3. 技术符合性评分

序号	作业内容	评分	备注
1	基本电气参数表		
2	供应商产品历史故障自查表		
3	抗短路能力第三方校核报告		
4	油箱机械强度计算报告		
5	套管选型报告		
6	压力释放阀选型报告		
7	气体继电器选型报告		
8	分接开关选型报告		
9	其余资料		

序号	作业内容	评分	备注
10	变压器型式试验报告、关键原材料及组部件供应商审查备案表、变压器型式试验产品与申报产品一致性对比表		
11	试验方案		
12	变压器短路承受能力试验报告、关键原材料及组部件供应商审查备案表、变压器短路承受能力试验产品与申报产品一致性对比表		
总　分			

4. 作业终结

序号	项目	内容	结果
1	结论	评分：　　　　　是否合格：□是　　□否	确认（　）
2	发现问题		
3	备注		

填写要求：各项措施确认及作业结果：正常则填写"√"、异常则填写"×"、无需执行则填写"○"。

附录 12　产品设计技术符合性审核作业表

附录13　关键原材料及组部件审核作业表

附表15　关键原材料及组部件审核作业表

1. 基本信息

申报供应商			
申报品类编号		申报品类名称	
工作任务			
开始时间		结束时间	
工作地点			
审查组长		审查组员	

2. 作业前准备

序号	准备项	准备次项	准备项内容	工作负责人确认
	作业前准备	资料	(1) 厂家准备好关键原材料及组部件审查阶段的资料； (2) 审查组准备好审查过程记录表格。	确认(　　)

3. 作业过程

序号	作业内容	评分	备注
1	关键原材料及组部件备案提交资料清单		
2	关键原材料及组部件供应商审查备案表		
3	套管型式试验报告		
4	套管图纸		
5	套管尺寸表		
6	分接开关型式试验报告		

序号	作业内容	评分	备注
7	气体继电器型式试验报告		
8	压力释放阀型式报告		
9	绝缘纸板、绝缘件型式试验报告		
10	关键原材料及组部件进厂检验方法		

4. 作业终结

序号	项目	内容	结果
1	结论	评分：　　是否合格 □是 □否	是否（　）
2	发现问题		
3	备注		

填写要求：各项措施确认及作业结果：合格则填写"√"、不合格则填写"×"、无需执行则填写"〇"。

附录13　关键原材料及组部件审核作业表

附录14　历史问题汇总表

附表16　历史问题汇总表

供应商						
型号					备注	
序号	标题	故障时间	故障部位	故障简况	原因分析	后续建议

　　《历史问题汇总表》应包含故障简况、故障现象（详细描述故障部位）、故障原因分析、后续工作建议等，可另附报告。

附表17　历史问题整改和设联会响应情况见证表

供应商				
型号			备注	

历史问题整改见证

序号	标题	见证方式	时间	见证内容

设联会纪要响应见证

序号	纪要内容	见证方式	时间	见证内容

附录16 生产制造能力技术符合性审核作业表

附表18 生产制造能力技术符合性审核作业表

1. 基本信息

申报供应商			
申报品类编号		申报品类名称	
工作任务			
开始时间		结束时间	
工作地点			
审查组长		审查组员	

2. 作业前准备

序号	准备项	准备次项	准备项内容	工作负责人确认
	作业前准备	资料		确认（ ）

3. 作业过程

序号	作业内容	评分	备注
1	供应商产品质量管控水平		
2	产品历史问题与设联会响应情况及资料真实性核查		

4. 作业终结

序号	项目	内容	结果
1	结论	评分： 是否合格 □是 □否	确认（ ）
2	发现问题		
3	备注		

填写要求：各项措施确认及作业结果：正常则填写"√"、异常则填写"×"、无需执行则填写"○"。

附录17 变压器结构一致性技术符合性审核作业表

附表19 变压器结构一致性技术符合性审核作业表

1. 基本信息

申报供应商			
申报品类编号		申报品类名称	
工作任务			
开始时间		结束时间	
工作地点			
审查组长		审查组员	

2. 作业前准备

序号	准备项	准备次项	准备项内容	工作负责人确认
	作业前准备	资料		确认（ ）

3. 作业过程

序号	作业内容	评分	备注
1	变压器基本参数核查		
2	铁芯参数核查		
3	绕组公共参、基本参数		
4	绕组端圈参数		
5	绕组安匝分布参数		
6	极限倾斜力、拉带和铁轭（拉板、夹板、拉带和铁轭）		

4. 作业终结

序号	项目	内容	结果
1	结论	评分： 是否合格 □是 □否	确认（　　）
2	发现问题		
3	备注		

填写要求：各项措施确认及作业结果：正常则填写"√"、异常则填写"×"、无需执行则填写"○"。

电力变压器技术符合性评估实务

附录18 试验验证技术符合性审核作业表

附表20 试验验证技术符合性审核作业表

1. 基本信息

申报供应商			
申报品类编号		申报品类名称	
工作任务			
开始时间		结束时间	
工作地点			
审查组长		审查组员	

2. 作业前准备

序号	准备项	准备次项	准备项内容	工作负责人确认
	作业前准备	资料		确认（　）

3. 作业过程

序号	作业内容	评分	备注
1	空载损耗测量		额定电压空载损耗：___kW
2	负载损耗测量		高—中主分接（额定容量、75℃、不含辅机损耗） 负载损耗：___kW
3	声级测定		声功率级/声压级：___dB
4	温升试验		顶层油：_____K 绕组（平均）：_____K 绕组（热点）：_____K 金属件、铁芯：_____K 油箱表面：_____K
5	线端雷电全波、截波冲击试验		□通过　□不通过

序号	作业内容	评分	备注
6	操作冲击试验		□通过　□不通过
7	带有局部放电测量的感应电压试验		高压侧局放：_____pC 中压侧局放：_____pC 低压侧局放：_____pC 铁芯、夹件局放：_____pC
8	外施耐压试验		□通过　□不通过

4. 作业终结

序号	项目	内容	结果
1	结论	评分：　　　是否合格 □是 □否	确认（　）
2	发现问题		
3	备注		

填写要求：各项措施确认及作业结果：正常则填写"√"、异常则填写"×"、无需执行则填写"○"。

附录19 变压器技术符合性评估结论

附表21 变压器技术符合性评估结论

1. 基本信息

申报供应商			
申报品类编号		申报品类名称	
工作任务			
开始时间		结束时间	
工作地点			
审查组长		审查组员	

2. 技术符合性评分

序号	技术符合性评估项目名称	分值权重	评分	备注
1	标准执行技术符合性评估(满分100分)	5		
2	产品设计资料审核(满分100分)	15		
3	同型号产品的试验报告审核(满分100分)	10		
4	关键原材料及组部件资料审核(满分100分)	5		
5	关键原材料材质评估(满分100分)	10		
6	供应商产品质量管控水平评估(满分100分)	10		
7	产品历史问题与设联会响应情况评估(满分100分)	5		
8	变压器结构一致性评估(满分100分)	20		
9	重点性能参数出厂试验(满分100分)	20		
	总　　分	100		

3. 作业终结

序号	项目	内容	结果
1	结论	评分:　　　　是否合格 □是 □否	确认(　　)
2	发现问题		
3	备注		

填写要求:各项措施确认及作业结果:正常则填写"√"、异常则填写"×"、无需执行则填写"〇"。

电场分析报告

编号：×××××××××

产品型号：×××××××××××××××××

编制（签字）：

审查（签字）：

批准（签字）：

×××××××××有限公司

（盖公章）

目　　录

1 总体要求

通过软件仿真分析变压器的电场分布情况，应考虑产品在试验、现场工况可能出现的最严苛的电场分布情况，针对关注的区域，选取合适的工况针对性分析。分析报告应明确说明被分析的工况与关注的电场区域的关系，确保分析出最严苛的电场分布。

变压器内部电场分析应包括绕组端部电场分析、高压出线及套管均压球部分的电场分析、绕组间主绝缘电场分析以及柱间连线(若为多柱结构)电场分析，要求给出对应的场强分布图、电场屏蔽措施、关注区域最大场强和包括油隙在内的对应的场强设计裕度值。对于短时工频耐受计算条件施加电压应考虑折算到1min工频对应电压。

提供套管间和套管对地外空气间隙的实际值，并与标准中对应的要求值核对。

报告内容要有必要的文字叙述。

2 产品基本参数

(1)产品型号：

(2)额定容量(kVA)：

(3)额定电压(kV)：

(4)额定电流(A)：

(5)调压方式：

(6)短路阻抗(%)：

(7)连接组标号：

(8)冷却方式：

(9)×××器身结构型式：(如：单相三柱主柱调压、单相三柱旁柱调压、单相四柱主柱调压、单相四柱旁柱调压、三相五柱等)。

3 绝缘水平

附表22 变压器绝缘水平

部位	短时工频耐受电压(kV)	操作冲击电压(峰值,kV)
高压首端		
高压中性点		
中压首端		
中压中性点		
低压首端		

4 绝缘强度计算结果

4.1 高压首端短时工频

试验电压××××kV，计算施加电压×××kV。

附表23 高压首端短时工频计算结果

部位	油中最大场强(kV/mm)/绝缘裕度					说明
	内表面	外表面	上端部静电环表面	下端部静电环表面	油隙(指最大场强)	
高压绕组						
中压绕组						
分接绕组						
低压绕组						
励磁绕组						

4.2 中压首端短时工频

试验电压×××× kV，计算施加电压××× kV。

附表24 中压首端短时工频计算结果

部位	油中最大场强(kV/mm)/绝缘裕度					说明
	内表面	外表面	上端部静电环表面	下端部静电环表面	油隙(指最大场强)	
高压绕组						
中压绕组						
分接绕组						
低压绕组						
励磁绕组						

4.3 高压首端引线（出线装置）

短时工频试验电压××××kV，计算施加电压×××kV。

部位	最大场强(kV/mm)	绝缘裕度	说明
高压套管均压球油中表面			
高压引线附近地电位结构件油中表面			

4.4　中压首端引线(出线装置)

短时工频试验电压××××kV,计算施加电压×××kV。

附表 26   中压首端引线(出线装置)短时工频计算结果

部位	最大场强(kV/mm)	绝缘裕度	说明
中压套管均压球油中表面			
中压引线附近地电位结构件油中表面			

4.5　高压首端操作冲击电压

试验电压(相对地,峰值)××××kV。

附表 27   高压首端操作冲击电压计算结果

部位	最大沿面爬电场强(kV/mm)	绝缘裕度	说明
××××			

注:表中填写最小绝缘裕度对应的数值。

4.6　中压首端操作冲击电压

试验电压(相对地,峰值)××××kV。

附表 28   中压首端操作冲击电压计算结果

部位	最大沿面爬电场强(kV/mm)	绝缘裕度	说明
××××××			

注:表中填写最小绝缘裕度对应的数值。

5　电场分布图和分布曲线

1. 高压首端短时工频电压下,绕组端部、中部的等电位线、电力线(裕度最小处)和场强云图(云图需含标尺):

附图2　等电位线示例图场强云图(含标尺)(示例,需替换)

附图3　电力线(裕度最小处)(示例,需替换)

2. 中压首端短时工频电压下,绕组端部、中部的等电位线、电力线(裕度最小处)和场强云图(云图需含标尺):

3. 高压引线(出线装置)及套管均压球部分的等电位线、电力线(裕度最小处)和场强云图(云图需含标尺):

4. 中压引线(出线装置)及套管均压球部分的等电位线、电力线(裕度最小处)和场强云图(云图需含标尺):

6 套管外绝缘空气间隙

6.1 高压套管外绝缘间隙

附表29 高压套管外绝缘间隙

项目	高压相间	高压—中压	高压—中性点	高压—低压	高压—地
设计值(mm)					
标准规定值(mm)					

6.2 中压套管外绝缘间隙

附表30 高压套管外绝缘间隙

项目	中压相间	中压—中性点	中压—低压	中压—地	
设计值(mm)					
标准规定值(mm)					

6.3 低压套管外绝缘间隙

附表31 低压套管外绝缘间隙

项目	低压相间	低压—地			
设计值(mm)					
标准规定值(mm)					

7. 其他说明

8. 结论

磁场计算报告

编号：×××××××××

产品型号：×××××××××××××××××

编制（签字）：

审查（签字）：

批准（签字）：

×××××××××有限公司

（盖公章）

目　　录

電力變壓器技術符合性評估實務

1 总体要求

通过软件仿真分析变压器的磁场分布情况,磁场分析报告重点分析漏磁在绕组中、磁屏蔽、磁分路(若有)、外部金属结构件中的分布情况,要求给出对应的漏磁分布图,并针对性的分析漏磁引起的结构件局部过热问题,提出解决措施。

报告内容要有必要的文字叙述。

2 产品基本参数

本品类产品型号为××××,冷却方式××××/××××,技术规范书规定油箱、铁芯及金属结构件温升≤×× K。

(1) 额定容量(kVA):

(2) 额定电压(kV):

(3) 额定电流(A):

(4) 调压方式:

(5) 短路阻抗(%):

(6) 连接组标号:

(7) ×××器身结构型式:(如:单相三柱主柱调压、单相三柱旁柱调压、单相四柱主柱调压、单相四柱旁柱调压、三相五柱等)

3 二维磁场仿真计算

3.1 二维仿真模型图和绕组漏磁场图

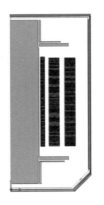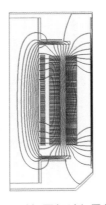

附图4 二维仿真模型图和绕组漏磁场图(示例,需替换)

3.2 二维仿真计算结果

3.2.1 高—中运行时,绕组漏磁通密度最大值

附表32　绕组漏磁通密度最大值

单位:T

运行工况	中压内表面		中压外表面		中—高主空道中间位置		高压内表面		高压外表面	
	Bx	By	Bx	By	Bx	By	Bx	By	Bx	By
最小分接										
额定分接										
最大分接										

3.2.2 高—中运行时,漏磁场在绕组中产生的杂散损耗

附表33　漏磁场在绕组中产生的杂散损耗

单位:W

运行工况	中压绕组			高压绕组		
	Bx 涡流	By 涡流	合计	Bx 涡流	By 涡流	合计
最小分接						
额定分接						
最大分接						

3.2.3 绕组漏磁通密度最大值沿绕组高度方向的分布曲线(额定分接)

1. 高压绕组

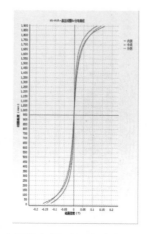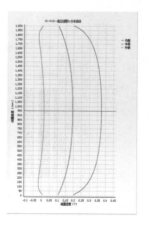

附图5　高压绕组漏磁通密度最大值沿绕组高度方向的分布曲线(示例,需替换)

2. 中压绕组

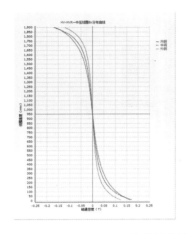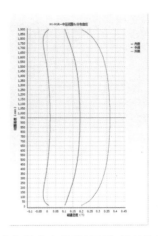

附图6　中压绕组漏磁通密度最大值沿绕组高度方向的分布曲线(示例,需替换)

4　三维磁场仿真计算

4.1　三维仿真模型图

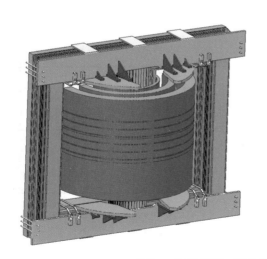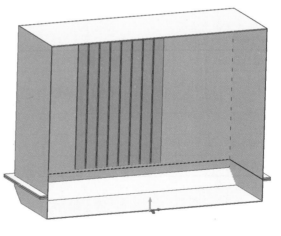

附图7　仿真模型—器身仿真模型—油箱(示例,需替换)

4.2 三维仿真磁场图

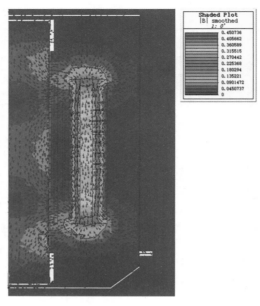

附图8 变压器三维仿真磁场图(示例,需替换)

4.3 高—中运行时,漏磁在结构件中产生的杂散损耗

附表34 漏磁在结构件中产生的杂散损耗

单位:W

运行工况	高压侧					低压侧					合计
	上夹件	下夹件	拉板	油箱	其它部件	上夹件	下夹件	拉板	油箱	其他部件	
最小分接											
额定分接											
最大分接											

4.4 高—中运行时,结构件及油箱热点温升仿真结果及裕度

附表35 结构件及油箱热点温升仿真结果及裕度

单位:K

运行工况	铁芯上夹件	铁芯下夹件	拉板	油箱	说明
最小分接					
额定分接					
最大分接					

4.5 高—中运行,器身结构件及油箱损耗密度云图

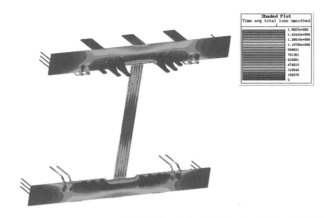

附图9　高一中运行时,器身结构件及油箱损耗密度云图(示例,需替换)

4.6 高—中运行,器身结构件温升云图

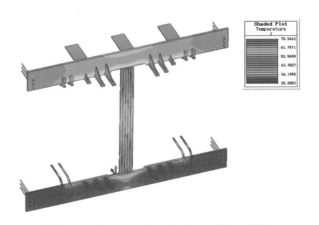

附图10　器身结构件温升云图(示例,需替换)

5　防止变压器内部及外部结构件局部过热的技术措施

6　结论

×××××××。

附录21　磁场计算报告

119

温度场分析内容	计算结果与分析结论
油箱、铁芯及金属结构件表面温升	要求值:≤　　K 计算值:　　K(铁芯表面)/　　K(铁芯拉板)/ K(油箱壁)/6　　K(夹件) 结论:满足技术要求。

温度场计算报告

编号：×××××××××

产品型号：×××××××××××××××××

编制（签字）：

审查（签字）：

批准（签字）：

××××××××有限公司

（盖公章）

目　　录

电力变压器技术符合性评估实务

1 总体要求

通过软件仿真分析变压器的温度场分布情况,温度场分析报告应根据发热、冷却、负荷要求、冷却方式等要求,分析绕组温度分布(需提供绕组内油道的设置)、绕组平均温升、油顶层温升、热点温升及位置,提供温度分布图、裕度分析和针对性的措施。

如有光纤预埋要求,应提供光纤预埋位置选择的依据,光纤预埋方案,试验记录及试验结果,试验与设计的偏差对比分析。

报告内容要有必要的文字叙述。

2 产品基本参数

本品类产品型号为××××,冷却方式××××/××××,技术规范书规定油顶层温升≤×× K,绕组平均温升≤×× K,绕组热点温升≤×× K。

(10) 额定容量(kVA):

(11) 额定电压(kV):

(12) 额定电流(A):

(13) 调压方式:

(14) 短路阻抗(%):

(15) 连接组标号:

(16) ×××器身结构型式:(如:单相三柱主柱调压、单相三柱旁柱调压、单相四柱主柱调压、单相四柱旁柱调压、三相五柱等)

3 发热与冷却主要参数

(1) 空载损耗(kW):

(2) 负载损耗(kW):

(3) 温升试验时施加的总损耗(kW):

(4) 冷却器(或散热器)总台数××××,其中×台备用

(5) 顶层油温升设计值(K):

4 油温升计算

5 绕组平均温升计算

6 绕组热点温升计算

7 绕组温度场的仿真分析

7.1 二维仿真模型图

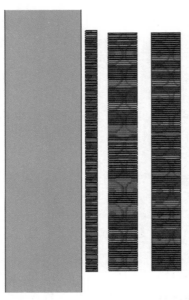

附图11　变压器绕组二维仿真模型图(示例,需替换)

7.2 各绕组线饼导线损耗密度分布曲线和云图

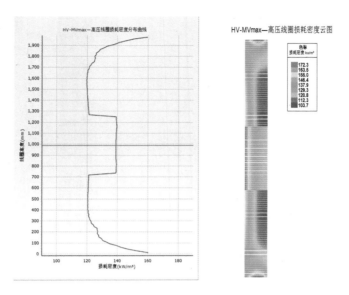

附图12 高压绕组损耗密度曲线和密度云图(示例,需替换)

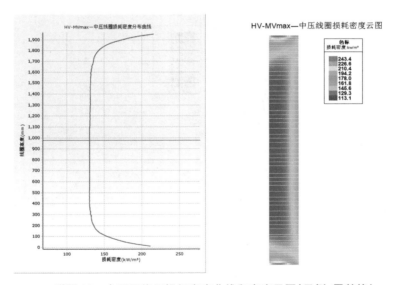

附图13 中压压绕组损耗密度曲线和密度云图(示例,需替换)

7.3 各绕组温度云图

××××××××××。

HV-MVR—高压线圈温升云图   HV-MVR—中压线圈温升云图

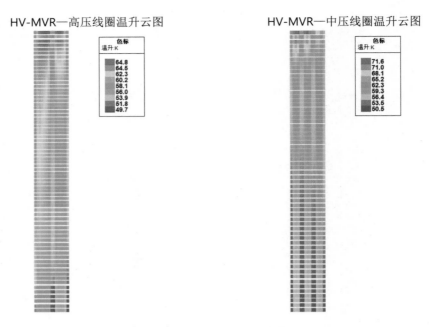

附图14　高压绕组温升分布云图(示例,需替换)　　附图15　中压绕组温升分布云图(示例,需替换)

HV-LV—低压线圈温升云图

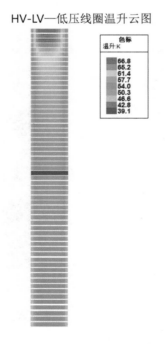

附图16　低压绕组温升分布云图(示例,需替换)

8　降低变压器绕组温升技术措施

9　结论

××××××××。

附表37　温度场分析计算结果

温度场分析内容	计算结果与分析结论
1.顶层油温升	要求值:≤　　K 计算值:　　K(ONAN)/　　K(ONAF) 结论:满足技术要求
2.高压绕组温升	要求值:≤　　K(平均)/≤　　K(热点) 计算值:　　K(平均)/　　K(热点) 结论:满足技术要求
3.中压绕组温升	要求值:≤　　K(平均)/≤　　K(热点) 计算值:　　K(平均)/　　K(热点) 结论:满足技术要求
4.低压绕组温升	要求值:≤　　K(平均)/≤　　K(热点) 计算值:　　K(平均)/　　K(热点) 结论:满足技术要求。

波过程计算报告

编号：×××××××××

产品型号：××××××××××××××××××

编制（签字）：

审查（签字）：

批准（签字）：

××××××××有限公司

（盖公章）

目　　录

1 总体要求

通过软件仿真对变压器的雷电波过程进行分析，提供线端全波、中性点全波、线端截波等波过程分析。要求能给出关键绕组节点的电压，绕组内电位梯度分布及裕度，并说明降低电位梯度所采取的措施。

报告内容要有必要的文字叙述。

2 产品基本参数

该产品为单相三柱式结构，高压绕组为××出线，内屏连续式结构；中压绕组为××出线，中压绕组为连续式结构；低压绕组为连续式结构；分接绕组为螺旋式结构；激磁绕组为连续式结构。应用变×××计算软件及×××计算软件对高压绕组、中压绕组、低压绕组进行全面的纵绝缘结构计算、主绝缘结构强度分析计算。基本参数如下：

(1) 产品型号：

(2) 额定容量(kVA)：

(3) 额定电压(kV)：

(4) 额定电流(A)：

(5) 调压方式：

(6) 短路阻抗(%)：

(7) 连接组标号：

(8) 冷却方式：

(9) ×××器身结构型式：(如：单相三柱主柱调压、单相三柱旁柱调压、单相四柱主柱调压、单相四柱旁柱调压、三相五柱等)

3 绝缘水平

附表38 变压器绝缘水平

部位	雷电冲击电压(峰值)(kV)		操作冲击电压(峰值)(kV)
	全波	截波	
高压首端			
高压中性点			
中压首端			
中压中性点			
低压首端			

4 绝缘强度计算结果

4.1 高压首端雷电全波冲击

施加电压(峰值)××××kV 1.2/50 μs。

附表39 高压首端雷电全波冲击仿真结果

施加电压部位	分接位置	最大电压梯度值(kV)	匝绝缘厚度(mm)	油道尺寸(mm)	最小绝缘裕度	最小绝缘裕度对应位置
高压首端	最小分接					如:高压绕组从上端部数起第15饼与第16饼之间的油道
	额定分接					
	最大分接					

4.2 高压首端雷电截波冲击

施加电压(峰值)×××××kV 1.2/4 μs,Kc=0.1。

附表40 高压首端雷电截波冲击仿真结果

施加电压部位	分接位置	最大电压梯度值(kV)	匝绝缘厚度(mm)	油道尺寸(mm)	最小绝缘裕度	最小绝缘裕度对应位置
高压首端	最小分接					如:高压绕组从上端部数起第15饼与第16饼之间的油道
	额定分接					
	最大分接					

高压段间雷电冲击波绝缘强度计算(截取靠近加压端的30段线圈,其余段数裕度更大)(示例):

附表41 高压段间雷电冲击波绝缘强度计算

段号	全波		截波	
	发生值(kV)	裕度	发生值(kV)	裕度
10~11		>××		>××
11~12		>××		>××
12~13		>××		>××

段号	全波		截波	
	发生值(kV)	裕度	发生值(kV)	裕度
13～14		>××		>××
14～15		>××		>××
15～16		>××		>××
16～17		>××		>××
17～18		>××		>××
18～19		>××		>××
19～20		>××		>××
20～21		>××		>××
21～22		>××		>××
22～23		>××		>××
23～24		>××		>××
24～25		>××		>××
25～26		>××		>××
26～27		>××		>××
27～28		>××		>××
28～29		>××		>××
29～30		>××		>××
30～31		>××		>××
31～32		>××		>××
32～33		>××		>××
33～34		>××		>××
34～35		>××		>××
35～36		>××		>××
36～37		>××		>××
37～38		>××		>××
38～39		>××		>××

4.3　中压首端雷电全波冲击

施加电压(峰值)×××××kV 1.2/50 μs。

施加电压部位	分接位置	最大电压梯度值（kV）	匝绝缘厚度（mm）	油道尺寸（mm）	最小绝缘裕度	最小绝缘裕度对应位置
中压首端	最小分接					如：中压绕组从上端部数起第15饼与第16饼之间的油道
	额定分接					
	最大分接					

4.4　中压首端雷电冲击截波

施加电压(峰值)××××× kV 1.2/4 μs，K_c＝0.1。

表43　中压首端雷电截波冲击仿真结果

施加电压部位	分接位置	最大电压梯度值（kV）	匝绝缘厚度（mm）	油道尺寸（mm）	最小绝缘裕度	最小绝缘裕度对应位置
中压首端	最小分接					如：中压绕组从上端部数起第15饼与第16饼之间的油道
	额定分接					
	最大分接					

4.5　低压端子雷电全波冲击

施加电压(峰值)××××× kV 1.2/50 μs。

表44　低压首端雷电全波冲击仿真结果

施加电压部位	分接位置	最大电压梯度值（kV）	匝绝缘厚度（mm）	油道尺寸（mm）	最小绝缘裕度	最小绝缘裕度对应位置
低压首端	最小分接					如：低压绕组从上端部数起第15饼与第16饼之间的油道
	额定分接					
	最大分接					

4.6 低压端子雷电截波冲击

施加电压(峰值)×××××× kV 1.2/4 μs, K_c＝0.1。

表45 低压首端雷电截波冲击仿真结果

施加电压部位	分接位置	最大电压梯度值(kV)	匝绝缘厚度(mm)	油道尺寸(mm)	最小绝缘裕度	最小绝缘裕度对应位置
低压首端	最小分接					如:低压绕组从上端部数起第15饼与第16饼之间的油道
	额定分接					
	最大分接					

4.7 中性点雷电冲击全波

施加电压(峰值)×××××× kV 1.2/50 μs。

表46 中性点雷电全波冲击仿真结果

施加电压部位	分接位置	最大电压梯度值(kV)	匝绝缘厚度(mm)	油道尺寸(mm)	最小绝缘裕度	最小绝缘裕度对应位置
中性点	最小分接					如:中压绕组从上端部数起第15饼与第16饼之间的油道
	额定分接					
	最大分接					

5 电压梯度分布曲线

1. 高压首端雷电冲击全波和截波电压下,高压绕组冲击梯度电压(最大值)分布曲线:

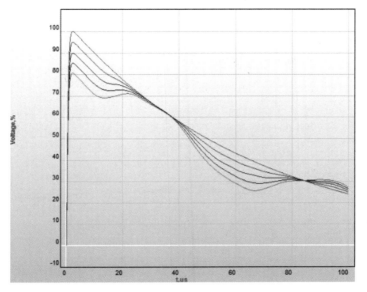

附图 17 高压绕组首端入波高压绕组首端全波对地波形(示例,需替换)

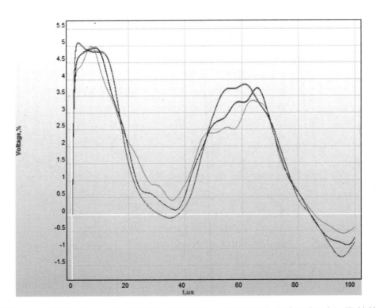

附图 18 高压绕组首端入波高压绕组首端全波冲击梯度波形(示例,需替换)

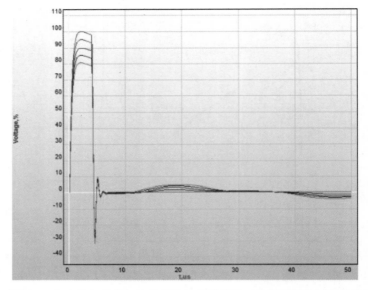

附图19 高压绕组首端入波高压绕组首端截波对地波形(示例,需替换)

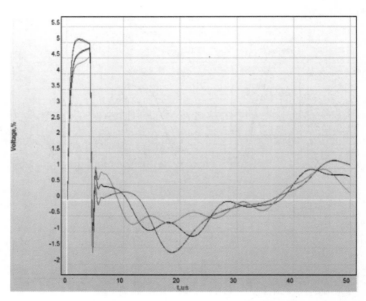

附图20 高压绕组首端入波高压绕组首端截波冲击梯度波形(示例,需替换)

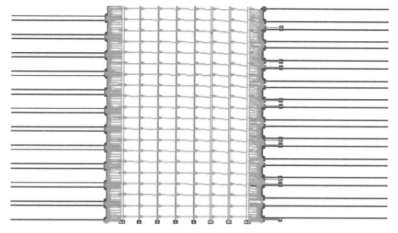

附图21 高压绕组到中压绕组中部雷电冲击电场(示例,需替换)

2.中压首端雷电冲击全波和截波电压下,中压绕组冲击梯度电压(最大值)分布曲线:

3.低压首端雷电冲击全波和截波电压下,低压绕组冲击梯度电压(最大值)分布曲线:

4.中性点雷电冲击全波电压下,低压绕组冲击梯度电压(最大值)分布曲线:

6 降低电位梯度所采取的措施

7 结论

变压器直流偏磁校核分析报告

编号：××××××××

产品型号：×××××××××××××××

编制（签字）：

审查（签字）：

批准（签字）：

×××××××有限公司

（盖公章）

目　录

附录24　变压器直流偏磁校核分析报告

1 总体要求

(1) 仿真计算直流偏磁下,变压器空载工况以及额定负载工况下直流偏磁耐受值。仿真计算结果包括以下几部分的内容:

① 变压器直流偏磁下的励磁电流波形计算;

② 不同直流偏磁条件下变压器内部漏磁场与损耗分布;

③ 变压器直流偏磁下的绕组热点温度与金属结构件温升。

(2) 根据变压器空载及额定负载工况下的直流偏磁试验(如有),给出试验测量结果,包括以下几部分的内容(如有):

① 给出励磁电流测量值与损耗测量值;

② 给出励磁电流谐波分布;

③ 给出噪声声级测量值、油箱振动加速度及峰—峰值、偏磁条件下的损耗测量结果;

④ 给出试验前后的油样测试结果;

⑤ 给出顶层油、绕组热点及金属结构件(如有)的温升测量值。

报告内容要有必要的文字叙述。

2 产品基本参数

变压器的基本参数,详见附表47所示。

附表47 变压器基本参数

型号		联接组别	
容量(MVA)		额定电压(kV)	
空载电流百分比(%)		额定电流(A)	
负载损耗(kW)		空载损耗(kW)	
高—中短路阻抗(%)		高—低短路阻抗(%)	
高压绕组平均温升(K)		中—低短路阻抗(%)	
低压绕组平均温升(K)		中压绕组平均温升(K)	
分接绕组平均温升(K)		顶层油温升(K)	
主柱绕组布置方式		旁柱绕组排列方式	
铁芯结构型式			
备注:对于双绕组变压器,中压绕组相关的参数可不填写。			

3 仿真校核结果

3.1 空载偏磁工况

（1）空载工况下，仿真计算不同直流偏磁下空载励磁电流结果，示例如附表48所示。并给出不同直流偏置下励磁电流的波形图，示例如附图22所示。

附表48 空载偏磁下励磁电流仿真结果

直流电流（A）	励磁电流峰值I_m（A）	励磁电流有效值I_{rms}（A）
0		
1		
2		
3		
4		
5		
6		

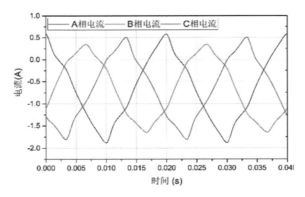

附图22 不同直流偏磁下励磁电流波形（空载工况，$I=\times A$）（示例，需替换）

（2）空载工况下，仿真计算不同直流偏磁下漏磁场分布以及各部件损耗计算结果，损耗示例如附表49所示，漏磁场分布示例如附图23所示。

附表49 空载偏磁下不同部件损耗计算结果（空载工况，$I=\times A$）（示例）

各部件损耗计算结果		
部件	欧姆损耗（W）	铁耗（W）
绕组		
夹件		
拉板		
油箱		

各部件损耗计算结果

部件	欧姆损耗(W)	铁耗(W)
铁芯		
磁屏蔽		
磁分路		
总计		
总损耗		

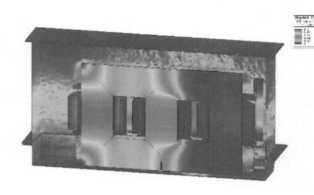

附图23　不同直流偏磁下漏磁场分布(空载工况,$I=\times$A)(示例,需替换)

（3）空载工况下,仿真计算不同直流偏磁下的绕组热点温度与金属结构件温升。结果示例如附表50所示,金属结构件温升分布示例如附图24所示。

附表50　空载偏磁下温升结果(示例)

直流电流(A)	绕组热点温升(K)	金属结构件温升(K)
0		
1		
2		
3		
4		
5		
6		

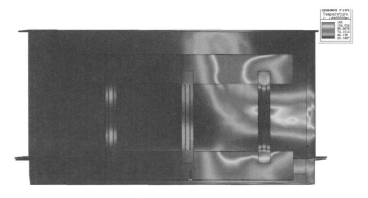

附图24　不同直流偏磁下金属结构件温升分布(空载工况,$I = \times$A)(示例,需替换)

3.2　负载偏磁工况

(1)负载工况下,仿真计算不同直流偏磁下负载励磁电流结果,示例如附表51所示。并给出不同直流偏置下的励磁电流的波形图,示例如附图25所示。

附表51　负载偏磁下励磁电流仿真结果(示例)

直流电流(A)	励磁电流峰值I_m(A)	励磁电流有效值I_rms(A)
0		
1		
2		
3		
4		
5		
6		

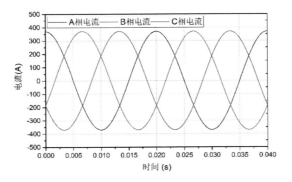

附图25　不同直流偏磁下励磁电流波形(负载工况,$I = \times$A)(示例,需替换)

(2)负载工况下,仿真计算不同直流偏磁下漏磁场分布以及各部件损耗计算结果,损耗示例如附表52所示,漏磁场分布示例如附图26所示。

附表52　负载偏磁下不同部件损耗计算结果(示例)

各部件损耗计算结果		
部件	欧姆损耗(W)	铁耗(W)
绕组		
夹件		
拉板		
油箱		
铁芯		
磁屏蔽		
磁分路		
总计		
总损耗		

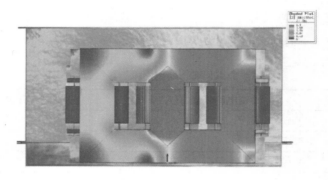

附图26　不同直流偏磁下漏磁场分布(负载工况,$I=\times$A)(示例,需替换)

(3)负载工况下,仿真计算不同直流偏磁下的绕组热点温度与金属结构件温升。结果示例如附表53所示,金属结构件温升分布示例如附图27所示。

表53　负载偏磁下温升结果(示例)

直流电流(A)	绕组热点温升(K)	金属结构件温升(K)
0		
1		
2		
3		
4		
5		
6		

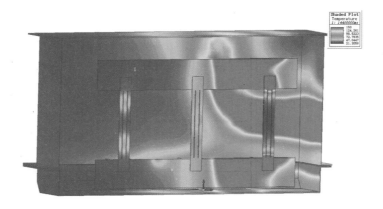

附图27　不同直流偏磁下金属结构件温升分布（负载工况，$I = \times$ A）（示例，需替换）

4　负载偏磁试验结果

给出变压器负载直流偏磁试验报告，报告应包括：

（1）直流偏磁试验回路、试验工况条件；

（2）励磁电流测量值与损耗测量值；

（3）励磁电流谐波分布；

（4）噪声声级测量值、偏磁条件下的损耗测量结果；

（5）试验前后的油样测试结果；

（6）绕组热点温度与金属结构件的温升测量值。

5　结论

根据上述分析计算，给出变压器直流偏磁耐受能力值。

附录25 变压器铁芯、绕组及结构件参数表

附表54 变压器铁芯、绕组及结构件参数表

铁芯型式	铁芯结构	铁轭形状(椭圆形、D形或其他)		硅钢厂家	硅钢牌号		
铁芯主要参数	心柱窗宽M0(mm)	心柱—旁柱窗宽M01(mm)		心柱直径(mm)	旁柱直径(mm)	铁轭直径(mm)	
	铁芯总重量(kg)	窗高Hw(mm)		心柱净截面积(mm²)	旁柱净截面积(mm²)	铁轭净截面积(mm²)	
心柱拉板	心柱拉板材料型号	心柱拉板隔磁槽个数		心柱拉板隔磁槽宽度(mm)	心柱拉板厚度(mm)		
	心柱拉板材料是否导磁	心柱拉板隔磁槽长度(mm)		心柱拉板隔磁槽间距(mm)	心柱拉板宽度(mm)	心柱拉板长度(mm)	

旁柱拉板	芯柱拉板材料型号	心柱拉板材料是否导磁	旁柱拉板厚度(mm)	旁柱拉板宽度(mm)	旁柱拉板长度(mm)	
夹件	上夹件厚度(mm)	上夹件材料型号	上夹件材料是否导磁	上夹件宽度(mm)	上夹件长度(mm)	
	下夹件厚度(mm)	下夹件材料型号	下夹件材料是否导磁	下夹件宽度(mm)	下夹件长度(mm)	
分接绕组	是/否设置	分接绕组内径(mm)	分接绕组外径(mm)	分接绕组轴向高度(mm)	分接绕组截面积(mm²)	分接绕组电抗高度(mm)
	距离铁轭下表面距离(mm)	分接绕组位置(芯柱/旁柱)	分接绕组匝数(匝)	分接绕组总重量(kg)	分接绕组电阻(Ω)	分接绕组电密(A/mm²)
励磁绕组	是/否设置	励磁绕组内径(mm)	励磁绕组外径(mm)	励磁绕组轴向高度(mm)	励磁绕组截面积(mm²)	励磁绕组电抗高度(mm)
	距离铁轭下表面距离(mm)	励磁绕组位置(芯柱/旁柱)	励磁绕组匝数(匝)	励磁绕组总重量(kg)	励磁绕组电阻(Ω)	励磁绕组电密(A/mm²)

附录25 变压器铁芯、绕组及结构件参数表

续表

部件						
高压绕组	高压绕组内径 (mm)	高压绕组外径 (mm)	高压线圈轴向高度 (mm)	高压线圈距离铁轭下表面距离 (mm)	高压绕组截面积 (mm²)	高压绕组电抗高度 (mm)
高压绕组	距离铁轭下表面距离 (mm)	是否为自耦结构	高压线圈匝数 (匝)	高压线圈总重量 (kg)	绕组电阻 (Ω)	高压绕组电密 (A/mm²)
中压线圈	是否设置	中压绕组内径 (mm)	中压绕组外径 (mm)	中压绕组轴向高度 (mm)	中压绕组截面积 (mm²)	中压绕组电抗高度 (mm)
中压线圈	距离铁轭下表面距离 (mm)		中压绕组匝数 (匝)	中压绕组总重量 (kg)	绕组电阻 (Ω)	中压绕组电密 (A/mm²)
低压绕组	低压绕组内径 (mm)	低压线圈外径 (mm)	低压绕组轴向高度 (mm)	低压线圈距离铁轭下表面距离 (mm)	低压绕组截面积 (mm²)	低压绕组电抗高度 (mm)
低压绕组	距离铁轭下表面距离 (mm)		低压绕组匝数	低压绕组总重量 (kg)	绕组电阻 (Ω)	低压绕组电密 (A/mm²)

磁分路	是/否设置	最外侧线圈外径（mm）	磁分路材料型号	磁分路是否为肺叶结构		
磁屏蔽	是/否设置	磁屏蔽片数	单片磁屏蔽长度（mm）	单片磁屏蔽宽度（mm）	单片磁屏蔽高度（mm）	单片磁屏蔽厚度（mm）

附录25 变压器铁芯、绕组及结构件参数表